人机营销学

人工智能和自动化时代的29种成功策略

[加]比尔·毕晓普——著
(Bill Bishop)
肖永贺——译

DANCING WITH ROBOTS

中国科学技术出版社
·北　京·

图书在版编目（CIP）数据

人机营销学：人工智能和自动化时代的 29 种成功策略 /（加）比尔·毕晓普（Bill Bishop）著；肖永贺译. —北京：中国科学技术出版社，2023.5
ISBN 978-7-5046-9966-4

Ⅰ.①人… Ⅱ.①比… ②肖… Ⅲ.①人工智能 Ⅳ.① TP18

中国国家版本馆 CIP 数据核字（2023）第 033257 号

策划编辑	任长玉
责任编辑	何英娇
版式设计	蚂蚁设计
封面设计	仙境设计
责任校对	吕传新
责任印制	李晓霖

出　　版	中国科学技术出版社
发　　行	中国科学技术出版社有限公司发行部
地　　址	北京市海淀区中关村南大街 16 号
邮　　编	100081
发行电话	010-62173865
传　　真	010-62173081
网　　址	http://www.cspbooks.com.cn

开　　本	880mm×1230mm　1/32
字　　数	153 千字
印　　张	8.75
版　　次	2023 年 5 月第 1 版
印　　次	2023 年 5 月第 1 次印刷
印　　刷	大厂回族自治县彩虹印刷有限公司
书　　号	ISBN 978-7-5046-9966-4/TP·455
定　　价	69.00 元

献给派普

前言

那是最好的年月，那是最坏的年月；那是智慧的时代，那是愚蠢的时代；那是信任的新纪元，那是怀疑的新纪元；那是光明的季节，那是黑暗的季节；那是希望的春天，那是绝望的冬天；我们将拥有一切，我们将一无所有；我们直接上天堂，我们直接下地狱。

我在此转述查尔斯·狄更斯（Charles Dickens）以法国大革命为背景的小说《双城记》（*A Tale of Two Cities*）的开篇第一段，因为我们发现自己正处于类似的革命关头。充满血腥而混乱的法国大革命不仅改变了法国，也改变了整个世界。今天，在迅猛发展的技术推动下，新的革命力量正在激荡着，无论我们喜欢与否，这个世界永远不会一成不变。问题是，未来会是什么样子的？我们与机器人将共同演绎怎样的故事？

我预见了两种情况——一种是光明的，另一种是黑暗的。我们所憧憬的未来将取决于今天所做的选择。我们必须打造自己想要的未来，而不是默认地接受未来。

让我们从光明的未来开始。在这个未来，我们巧妙地驾驭了新经济的三个现实：连通性、超级智能和非物质化。

在这个光明的未来，制度是基于科学而非迷信的，其核心文化项目是使用更少的资源来增加人们的福祉，它的道德基础是开放、包容、平等和民主。未来的居民使用技术来超越而不是主导，帮助而不是伤害，分享而不是积累，人人都受益于技术。在重新平衡我们与自然的关系的同时，每个人的生活都变得更加富裕。

在这个光明的未来，我们更加紧密相连。我们可以轻松地与地球上的每一个人，甚至与月亮或火星建立联系。我们可以轻松地与不断发展的机器、设备以及机器人网络建立联系，从中我们收集的数据呈指数级增长。我们掌控着宇宙的脉搏。

超级智能机器人回顾这条波涛汹涌的数据河，并收集信息。机器人的首要任务就是去物质化，帮助我们用更少的资源获得更好的结果。因此，我们在创造繁荣的同时，并没有从地球上索取那么多的资源。

在这个光明的未来中所创造的大部分价值都是无形的。而我们过去所拥有、使用或看到的大多数有形的东西都消失了。

人类的首要任务是帮助彼此成功地驾驭变化。我们帮助客户预测变化并采取措施应对变化。我们将独特的人类技能、才能和能力汇集一体，以发现和解决紧急问题。我们不断进取，努力实现新技术带来的重大想法、解决方案和创新。

机器人让我们从体力劳动和不断重复的低价值符号工作中解放出来后，我们开始思考、梦想和关怀。我们拥有更多的时间进行创造性的追求。我们开始放慢脚步，放松自我。

传统的国界、边界和种类变得无足轻重。纽带国家取代民族国家。工业部门之间的分工变得模糊不清乃至消失。劳动分工也变得无关紧要。

生活在网络中，我们更容易看到万事万物是如何连接的。我们更清楚地看到是什么把我们联系在一起，而不是把我们分开。我们的目标是建立更多的联系。

机器人是我们的仆人，而不是主人。机器人帮助我们解决人类问题，而不是机器人问题，帮助我们实现人类目标，而不是机器人目标。

我们不再是仓储者，而是传递者。我们不再收集、积累和保存，而是探索、生产和分享。

我们既是生产者又是消费者。我们在创造价值的同时又消费价值；我们消耗能源并创造能源；我们消费数据并创建数据；我们创造娱乐，也需要娱乐；我们给予关心，也需要被关心。

我们用“和”替换“或”。我们用加法代替减法，用乘法代替除法。我们习惯于做加法，而不是减法。

在这个光明的未来，个人拥有自己的数据生产手段。人们知道自己数据的价值，并因此获得报酬。人们明白，数据是新经济时代最有价值的货币。人们不仅完全控制自己的隐私，还可以调控自己想要提供和销售的数据量。

网络时代的权力结构是分布式的，而不是集中的。早期互联网的垄断数据集中器已被集体取代。如今，数据、数据存储、软件和处理能力在整个网络遍地开花。

在善恶之战中，51%的时间里善占据着上风，逐渐推动着宇宙的道德弧线。这场史诗般的战斗越来越多地在网络上进行，而不是在现实世界的战场上。好的想法和真相战胜了坏的想法和假象，就如同抗体战胜了恶性病毒。

在这个光明的未来，我们采取以人为本的理念。人类第一，机器人第二。或许更好的说法是，生物第一，机器第二。

我们追求的主要目标是健康和幸福——福祉。如果机器人或机器能帮助我们变得更健康、更快乐，那就是锦上添花。但是，如果它们让我们更容易生病、更加不快乐，那就适得其反了。我们对技术带来的影响保持着警惕和诚实，并始终为我们的机器人配备开关。

那么黑暗的未来呢?

在《黑客帝国》(*The Matrix*)和《终结者》(*The Terminator*)等科幻电影中机器人反乌托邦，它们战胜并奴役人类。除此之外，现实中最糟糕的情况会是什么呢?

在黑暗的未来，机器人是我们的主人。它们告诉我们该怎么做。它们提出建议，并且大多数时候我们将根据这些建议采取行动。(奴役已经开始了，渗透在我们生活中的方方面面。我们汽车中的导航器告诉我们该往哪个方向驾驶；亚马逊网站的算法建议或告诉我们该购买什么；社交媒体或新闻网站的算法告诉我们该想什么，具体来说是该怎么想)

在黑暗的未来，人工智能(AI)机器人将给我们提供一连串有关我们健康的指令——现在锻炼！关于我们的财务状况——立即购买！关于我们的关系——马上给岳母打电话！起初，这种指导是受欢迎的，但长久下去我们就会失去代理权，只是单纯接受指令。

机器人还可以把我们变成超人，成倍地增强我们的身心素质。这听起来可能不错，但豪门富户将首先获得这些能力，从而让他们在数字无产阶级面前处于不可逾越的领导地位。最终可能会产生两种人类：一种是一小群被机器人增强的人类，他们凌驾于其他人之上。另一种是实施专制统治的机器人（这种不平等已经显而易见，与低带宽农村地区的人们相比，生活和工作在高带宽城市中心的人具有强大的竞争优势）。

独裁者和专制者可以利用技术来维持一种监视状态。利用数据挖掘、机器学习、监控摄像头、跟踪设备和面部识别，独裁的领导者可以密切关注他们的公民。他们可以利用这些信息来压制异议，并强制执行某种社会和经济行为。他们会知道我们是谁，我们要去哪里，以及我们一天中每时每刻都在做什么，他们甚至会知道我们的所思所想。相比之下，这将让“老大哥”看起来更像一个小兄弟。

雇主可以使用机器人来达到某种邪恶的目的。他们可以用机器人取代人类员工，并且有很大的动力这样做。他们也可以使用机器人对员工的表现和行为进行精确的跟踪和控制，他们可以在员工休息或去洗手间时进行监控。他们可以使用算法来评估员工的表现、确定薪水，并在必要时解雇他们。极端地说，雇主可以使用机器人最大限度地榨取人类员工的价值，同时最大限度地降低劳动力成本。这就是要意识到机器人不仅可以在职场上取代人类，还可以被用来剥削和利用员工这一点是如此重要的原因所在。而这一切完全取决于雇主的意图。

机器人可能会把全世界数以百万的工人赶出工作岗位，不仅仅是蓝领，还包括律师、医生、演员、作家、工程师和计算机程序员等各行各业的工作者。当机器学习算法学习如何以更快的速度学习时，它们将无所不能。它们不仅会变得更聪明，还可以创造出更熟练的机器人，这些机器人可以从事精准的手工工作——从采摘西红柿到进行精密的眼科手术。

机器人将能够写小说、作曲、画水彩风景，担任护士、卡车司机、电工和飞行员，所有这些都具有极大的破坏性。人们将无事可做，失去工作和收入。而在这个黑暗的未来，控制一切的超人毫不在意这些，它们只会招募警卫机器人，让那些无家可归者远离游艇和封闭式大院。

在黑暗的未来，机器人将可以用来进一步开发我们的自然资源——从地球上开采出更多资源，刺激消费增长。更快、更强大的机器人将赋予我们对大自然更大的控制权，从而进一步破坏环境，而不是与大自然建立更平衡的关系。

在这个黑暗的未来里，机器人将接管这场演出。它们每天都变得更聪明、更快、更强大。起初，我们认为我们可以控制它们，最终它们却控制了我们。我们甚至不知道它们在做什么，或者它们是怎么做的。我们成为旁观者，然后成为受害者。

坦白地说，黑暗的未来更有可能发生，因为人类往往不善于主动处理潜在的问题。我们倾向于期待最好的结果，希望我们的挥霍行为不会产生负面影响，如果有负面影响，我们相信到时候我们可以应对。这就如同我们每天抽两包烟，如果不幸得了肺癌，就期待手术和化疗可以挽救我们的生命。

如今，人机交互如同骑着猛虎。我们希望自己能坚持下去，不希望掉下来成为老虎的美餐。

这就是我们必须深入思考人机关系的原因所在。我们想建立一种有利的还是不利的关系呢？这种关系在各个层面——个人、职业、商业和社会，会是什么样的呢？

我们必须扪心自问，我们想要什么样的未来——是光明的，还是黑暗的？毫无疑问，我们想要光明的，但我们必须为此努力。机器人正在为它们的未来而努力。它们从不睡觉。所以我们必须醒来，开始行动。

库尔特·冯内古特（Kurt Vonnegut）在其1952年的小说《自动钢琴》（*Player Piano*）中描绘了一个世界。在这个世界里，工厂由机器人经营，大多数人都失业了且一贫如洗。他的小说提出了一些重要的问题：当机器人接管人类的工作时会发生什么？失业的人将做什么工作？如果失业人口买不起机器人生产的产品，经济如何运转？最重要的是，这就是我们想要生活的那种世界吗？

作为一名科幻小说爱好者，我在12岁的时候饶有兴趣地阅读了《自动钢琴》这本书。这是我读过的第一本涉及经济学的科幻小说，让我印象深刻。它的反乌托邦预言似乎是合理的，因为公司面临着一个极其诱人的动机，即解雇员工并实现运营自动化。

然而，我现在意识到，冯内古特在那本书中所描述得还不够深入。他只想象了制造业的自动化，却没有预测到一个一切都是自动化的世界——不仅是低水平的制造业工作，还有各种各样的工作，甚至是最高水平的工作。他没有预测到全球互联网、量子计算、人工智能、大数据、机器学习算法或区块链，也没有预测到一个连工厂主都可能会受此影响而流落街头的世界。

但这就是今天可能出现的世界。我们生活在一个钢琴不需要演奏者、不需要作曲者，甚至不需要观众的时代。这是一个钢琴自造，然后为彼此演奏自己作品的世界。这一切都不需要人类，人类变得无足轻重。

在这个世界里，任何公司、组织或机构都可以在一瞬间被取代。这不仅是为一家旧式企业添加一些机器人这么简单的问题。每一家旧式企业所拥有的核心价值主张和竞争优势，都将可能为新兴的竞争对手、破坏性技术和混乱的市场动态所颠覆。

这也是一个瞬息万变的世界。随着主要生产手段从流水线结构转向网络化的价值中心结构［参阅我的书籍《新工厂思想家》（*The New Factory Thinker*）］，我们正在目睹社会的政治和文化的同步重组。新形式的政治组织、新的货币和新的生活方式即将到来。一切都将改变，因此我们需要做好准备应对这些变化。

遗憾的是，并不是每个人都意识到了这正在发生的一切。

自《新工厂思想家》一书出版以来，我已经做了数百篇关于新经济的演讲。从这些经历中，我注意到人们以三种不同态度来看待这一主题。

我遇到的人中大约有10%对这个主题很感兴趣。对于未来，他们感到兴奋。他们渴望创造一种的新经济、商业或职业。

60%的人对此另有看法。他们认为，人工智能和区块链等新经济技术不会影响他们。

剩下30%的人则恼羞成怒。他们受到新经济的威胁，有时甚至会怪我提出这样的主题。有数不胜数的人向我施加侮辱，然后破坏我的演讲（别担心，我早已习以为常了）。

在与2万多人进行了现场互动交谈之后，我得出的结论是，90%的人没有为即将发生的事情做好准备。他们要么对自己的困境视而不见，要么对此感到愤怒，并且对未来毫无计划。只有极少数人意识到了正在发生的巨大转变，这一转变将淘汰人类今天所拥有的大多数工作。这些受到影响的人中的大多数将无事可做，流落街头（正如冯内古特的小说《自动钢琴》中所描绘的那样），而其他人会找到新工作。可悲的是，几乎没有人会考虑这些新的“工作”会是什么。

一个建议是采取最低月收入。这个想法是向使用机器人的公司征税，然后将其中部分所得收益交给“受害者”。虽然这看起来用心良苦，可能是一种暂时的解决办法，但我认为这个想法是错误的。首先，纳税公司会想办法避免税收。并且也很难确定要对哪些机器人征税。可以对云计算或量子计算机处理器征税吗？那将会是无休止的谈判。但更重要的是，最低收入的想法是对我称为“自动钢琴问题”的无效答案。最好的办法是为人们找到新的工作，而不是简单地付钱让他们不工作。我相信大多数人都想要并且需要有意义的工作。

我们面临的挑战令人生畏，但并非史无前例。在20世纪初，大多数人都从事农业工作。今天，只有一小部分人在农场工作。一个世纪前，如果我们的祖先知道未来的人们会成为应用程序设计师、社交媒体经理、心理咨询老师、爱彼迎（Airbnb）房东，那么他们将会目瞪口呆。更不用说系统工程师、数据分析师、主题公园艺人或虚拟世界设计师了。当时的人们认为，农场工作就是最好的工作。但事实恰恰相反。

事实是，新技术及其影响可能会给被干扰的人们带来痛苦。但新经济也将为一些奇妙且以前难以想象的工作带来新的机会。这里记住我的话，在新经济中，人们将以我们现在无法理解的方式赚钱。我们的孩子会从事我们无法理解的职业［我的岳母不知道我的职业。当我告诉她我在经营一家大创意公司（The BIG Idea Company）时，她看起来既困惑又恐惧。在她看来，律师或会计是更容易让人接受的女婿的职业］。

为了在新经济中取得成功，我们需要学习如何与机器人“共舞”。我们将无法击败它们，但却不能忽视它们。我们需要学习如何与它们相拥，与它们优雅地共舞——一起创造一些美好的事物。

所以，让我们一起上一些“舞蹈课”。

首先，我预测了两种未来情景——光明的未来和黑暗的未来——我们要认识到其中的利害关系。对此，我探索了我们可以带入这支舞蹈的五种人类超能力：

（1）实体模式识别。

（2）肆无忌惮的好奇心。

（3）目的驱动的构思。

（4）道德框架。

（5）隐喻沟通。

接下来，我将概述在人工智能和自动化时代取得成功的29种策略。这些策略将为你提供了一个路线图，让你自信地面对这一新现实。例如，我们关注驱动新经济发展的核心动力（策略一：资源有限，应用无限），而不是驱动旧经济发展的核心动力（消费越多，幸福感越高）。策略一表明，那些旧的、根深蒂固的思维模式是在新经济中取得成功的最大障碍，因此，本书提供了一些更为有效的思维方式。

然后，本书制定了强大分步方法，这种方法提供了一条永不过时、可扩展且令人振奋的路径。它让我们能够全心全意地投入我们的生活和工作中，且这一方法以我的大创意冒险计划（BIG Idea Adventure Program）为基础。

人类是有趣的生物。一方面，我们非常善于活在妄想之中。我们可以盲目地忽视即将到来的灾难，直到这些灾难让我们措手不及；另一方面，一旦灾难来临，我们应对挑战的能力又令人难以置信。我的任务是让人们意识到“自动钢琴问题”，并帮助他们随着新的曲调跳舞，这是他们自己编写和表演的曲调（在机器人的帮助下）。

准备好加入这支舞蹈了吗？如果一切准备就绪，那就来奏响音乐吧。

目录

人类五大超能力

为了与机器人共舞，我们把自己的智慧、创造力和道德指南带到了舞池中。但首先，我们需要熟悉这个舞伴。

时光荏苒，机器人——实体机器人和其他如人工智能、纳米技术、物联网、量子计算等技术也得到了日益快速、智能化和实用化的发展。机器将无处不在，渗透到人们生活的方方面面，可能它们看不见，也摸不着，以至于我们忘了它们的存在。人机之间存在一种关系，就像所有的关系一样，要么有利，要么不利，或者介于两者之间。

我自认为和谷歌导航有一种功能上的关联，它是我生命中不可或缺的一部分。每当我驾驶汽车，即使短期出行也会使用导航。我靠它为我提供最佳路线。就像每次待在厨房里对于冰箱的存在一样，对于谷歌导航的存在，我已习以为常。

我持续使用了几年谷歌导航。当它为我指出另一条路线或者出人意料地让我驶离高速公路时，我学会了服从。我相信它知道我所不知道的事情，它会忠实地把我的利益摆在首位。一旦我没有听从谷歌导航的建议，我会内疚并沉思它是否会在未来的某个日子惩罚我的叛逆。

谷歌导航的使用能让商务出行更方便，因为我知道，即使交通堵塞，它也能让我准时抵达会议现场。我认为这是一项很棒的发明，即便我知道它会收集我的资料，并分析我去何处做何事。

最近，我开始思考像谷歌导航这样的技术会把我们带向何处。我庆幸自己有间乡村木屋。我驱车3小时就能到多伦多以北的那间木屋，那里是我思考宇宙的避风港。当我和妻子金妮买下这块地时，我发现川流不息的小汽车、卡车会从门前的大路驶过，从而破坏了这个人迹罕至的静谧处，对此我非常恼火。但这几天，几乎没人经过这条路了。除了那些千奇百怪的车辆，唯一的交通工具就是我们阿米什人邻居驾驶的马车。

直到前几天我使用谷歌导航离家前往多伦多时，我才开始思考为何交通拥堵的情况有所缓解。谷歌导航指引我踏上了一条完全有别于我过去20年走过的路线。这意味着我的行程将能够缩短半小时，不再是3小时，而是两个半小时了。

一路上，我注意到，在有的路段，一辆辆汽车在同一条路上行驶，来来往往、川流不息，交通状况岌岌可危。我突然想到，大家都在同一条路上行驶，是因为谷歌导航发出了同样的指令。我还意识到，司机们之所以不再开往我走的这条畅通之路，是因为谷歌导航没有指引他们前往此处。

对我来说，这好极了。但对在拥挤道路上的其他人而言，这不太友好。他们可能想知道为何现在成百上千的汽车疾驰在原先寂静的道路上。我也猜测自己行驶的这条路之所以遭到遗弃，是因为它是一条绕过一片小湖泊的小窄路（但风景优美）。谷歌算法可能计算出道路的拐弯处会增加几秒钟行程，所以它阻止了大多数司机走这条道路。

这种状况的含义深远，引人深思。

第一，如果人们被困在堵塞交通中，他们讨厌增加的交通流量，但为此他们能做什么呢？他们抱怨谷歌或交通管理部门吗？

第二，我意识到新路线不能带我去有最爱的超级汉堡的中途休息站，我将不再能吃到美味的芝士汉堡。因为这一算法指令，汉堡店失去了一个消费者，倘若失去了更多的消费者，汉堡店也将破产。更令人担忧的是，汉堡店不知道自己为何会失去顾客，因为它无法改变现状。

第三，当我们只是按照谷歌导航及其他类似车载人工智能软件的指令行事时，我们是人类本身，还是已变成只服从数字主人指令的简单机器人呢？这让我想到了20世纪30年代的系列电影《飞侠哥顿》（*Flash Gordon*），影片中邪恶的帝王让人戴上洗脑头盔，以奴役人类。如果我们盲目地将人工智能带入我们生活中的各个领域，它会不会告诉我们每天该做什么吗？比如，起床、叠被、刷牙、吃奶酪、上班等。

我在1996年出版的《数字时代的战略营销》（*Strategic Marketing for the Digital Age*）一书中，介绍了一个“技术盲”的概念。如果我们是技术盲，那么在采用这项技术时，我们几乎不会考虑那些它可能带来的出乎意料的负面影响。我们将豁免任何与技术狂热相关的道德和伦理影响。我们认为，一切新技术都是好的。

当然，我们会发现，并不是任何一项技术都对我们有利。万事万物皆有利弊，科技也不例外。大多数人从未想过网络与社交媒体所带来的负面影响。

今天，“技术盲”仍在蔓延。数十项新技术正在崛起，但人们几乎没有采取任何谨慎措施。这些技术包括机器学习算法（越来越聪明的机器人）、大数据分析（熟知人类的机器人）、物联网（通过诸多途径监视人类并收集数据的机器人）以及纳米技术（越来越精密的机器人）。更不用说无人机（能飞的机器人）、量子计算（拥有无限处理能力的机器人）、区块链（指挥高速交互传输的机器人）。随着这些技术的迅猛发展，是否有人采取预防措施来确保其带来的结果对人类有益？

人机交互就像跳舞，我们可以置身于舞蹈之外，成为技术社恐，或者可以与每个出现的机器人共舞，或者可以学会以一种巧妙、优雅的方式去拥抱机器人舞伴，这足以使世界变得更美好。当然，我们还可以决定邀请哪些机器人与我们共舞。

机器人的出现让人们感到担心，这是合乎常理的。与人类相比，它们可以把许多事完成得又快又好。如果我是做生意的，我会强烈地希望用机器代替人工。机器人可以更快速、高效地完成重复的任务。它们可以一周每天工作24小时，从不休息，从不打电话请病假或罢工。它们也能持续学习如何能工作得又快又好。可以预测在未来10年内，自动化将会减少数百万个工作岗位，这种说法一点也不为过。

面对这个问题，人类有一个无用的心理特征，即现状偏见。即使过去我们看见许多事物发生了极大的改变，我们仍然倾向于认为，未来将或多或少与现在相同（可能还有喷气背包和飞行汽车）。我们无法想象未来会变得格外不同，因此我们没有为此做好准备。

现状偏见会因我们大脑的连接方式而加剧。我们的大脑目前是为工业革命时代而配置的。在过去250多年里，我们的思维模式反映了我们如何组织经济的流水线。因为我们能否生存下去取决于我们对这条线性工业框架的适应程度，所以我们的大脑被塑造成以线性的、循序渐进的方式思考。然后建设我们的社会以反映这种生产方式（流水线），从而进一步固化我们大脑中的工业路径。我不是神经系统科学家，但我曾有过这种想法：我们绝大多数人（99%）是我所说的“旧工厂思想家”，对这一点我深有体会。几年来，我的任务是解释这一概念、阐明旧工厂思维为何会遭淘汰且对新经济发展不再奏效。

在过去的几年里，如果我们曾为政治、经济的跌宕起伏而感到惊讶的话，那可以归结于一个重要原因：全球贸易由旧经济转向新经济，由基于流水线及流水线思维的经济转向基于网络结构的经济。这是前所未有的历史性变革。

以下这个情况可以帮助我们更好地理解这一转变。250多年来，我们在实体场所工作：农场、工厂、办公室或者商店（医院、学校和其他实体工作场所也可以归为这一类）。在这些场所中，我们属于流水线上的一员。我们接受下游的输入，通过执行任务来实现增值，然后把自己的工作传递给上游。要想在流水线中出类拔萃，我们需要具备专注、高效、专一的品质。其基本目标是保证流水线的运行。

在我20多岁时，曾有两个夏天，我在一家啤酒厂的流水线上工作，亲身体验了这一角色。当我喝过很多酒之后（工作福利），这份工作变得枯燥乏味、充满压力。我最大的噩梦是我做了某些事情导致包装酒瓶的机器发生故障，从而让整个工厂停工。

现在你可能会说你不会在流水线上工作，比如说你是一名医生、律师、信息技术专家或企业家。虽然你没有在一家啤酒厂工作，但事实上，你仍在流水线上工作。无论你的工作多么有组织，无论你如何看待自己的工作，你所从事的工作的结构就如同一条流水线。问题是这种思考方式太过于常见，以至于我们没有把它真正地视为一种思维方式。这就是我们面临的现实状况。

但是某些事情改变了。尽管我们可能仍然需要在办公室、家里、工厂、农场（我儿子是有机农场主）工作，但我们实际上在其他地方工作，我们所有人都在互联网上工作。我们每天有越来越多的活动在网络上进行着，网络改变了一切。

网络改变了一切，因为在流水线上茁壮成长所需的技能、态度和方式与在网络中取得成功所需的并不一致。它们的差异就像我们踩着冰球鞋出现在游泳池。

让我给你举些例子。

在流水线上，网络要求我们专注于手上的任务，不要左顾右盼，不要上瞧下看，还要眼睛注视前方、身体向前。

在流水线上，网络不提倡与同事进行对话。这种行为只会减慢产出的速度，并且网络可能会将这些工人视为工会组织成员。

在流水线上，我们不去思考过多，比如，我们实际上建造的是什么，最后的结果将怎样（除非它是像啤酒这种对个人而言重要的东西！）。我们只做自己的那部分工作，工作8小时后下班回家。

在流水线上，我们很少考虑自己所做的事情带来的伦理或道德影响。这些事情带来的唯一的好处是生产和消费。我们不被鼓励质疑生计背后更广泛或更长远的影响。

在流水线上，我们的创造性不高。没人想以全新的方式来工作，因为那可能会搞砸事情。

现在你可能会说，我对流水线上的这种生活的描述是极端的，但我不这么认为。在某种程度上，我们都与流水线经济达成了交易。这是一个关乎生存的问题。

现在让我们思考一下在网络中工作意味着什么。在这种环境下需要的工作技能、态度和方式是什么样的？

首先，要意识到我所谈及的网络并不是最早或最重要的技术，这一点很重要。它实际上是经过技术调和的网络关系，人们相互关联，机器相互关联，人机关联。

在这种环境下，就像我们需要将泳衣带去游泳池，而非冰球鞋。我们需要学会游泳而不是滑冰。

在网络中，我们需要环顾四周，由左到右、从上往下、由内而外。我们需要随时了解网络上发生的事情。网络中的人和机器人是谁。他/它们在做什么？他/它们在想什么？他/它们怎么看我们？在网络中工作的目的是什么？它对我们有什么要求？

在网络中，我们不是以线性的方式思考，而是从三维的角度思考。我们从多种看似无关的来源收集信息。这些来源不仅包括数字，还包括模拟五种生理感官的使用以及我们对自身内部情绪、思维模式、感知和固有偏见的关注，然后我们使用这些数据来识别以往那些看不见的模式。这项活动被称为“实体模式识别”。

在网络上，好奇心是一种令人敬佩的特质。我们对周围世界有着无穷无尽的兴趣。我们的好奇心渗透在世界的任何一个领域或是想象力之中。我们总是充满好奇，会问自己、他人、机器人一些深刻且意义非凡的问题。这称为“肆无忌惮的好奇心”。

为了能在网络中蓬勃发展，我们提供了很多想法。通过实体模式识别，我们提出想法以把事情做得更好，解决问题，实现目标。更为重要的是，我们提出想法的目的是去帮助他人。这称为“目的驱动的构思”。

为了维护并发展网络，我们明确和公开地了解指导我们思想、行动和言语的道德原则。同时意识到我们生计的最终结果，并据此采取行动。我们深知，自己的道德声誉是我们的网络地位和取得成功的关键因素。这称为“道德框架”。

在一个本质上复杂且日新月异的网络世界中，我们知道影响力和行动力要以巧妙地沟通为前提。为了在我们的网络中主导和提供价值，我们要清晰地阐释自己的抱负、想法、伦理原则和角色定位。在网络中，我们使用比喻、类比、强烈的叙述来讲述故事，以此激发人们的想象力。这称为“隐喻交流”。

这五个特性——实体模式识别、肆无忌惮的好奇心、目的驱动的构思、道德框架和隐喻交流——有两个目的：第一，它们帮助我们在人和机器人的网络中茁壮成长；第二，它们帮助人类提供机器人不具备的价值。

以上五种特性就是人类的超能力。

与机器人不同，我们有身体。我们的身体有着机器人所没有的感觉认知。这使我们能够选择机器人看不到的模式。作为天生好奇的动物，我们可以追寻超越机器人的探索之路，如果我们在这次探索中与机器人合作的话，则更是如此。虽然机器人擅长快速学习和执行任务，但人类天生擅长提出创造性的想法，尤其是当人们为更高的目标所驱动时。而且作为人类，我们可以赋予这支“舞蹈”一种伦理视角，以确保项目或事业能够产生共同利益。最后，隐喻思维和讲述故事是机器人所不具备的人类独特品质，至少现在它们还不具备。

我们可以看到，在网络中生活和工作与在流水线上生活和工作千差万别。为我们服务了250多年的技能已经过时，机器人可以更好地完成这些工作。事实上，这些老旧的技能是障碍。如果我们在网络上工作（我们现在几乎都这样做），行为表现却像在流水线上工作一样，那么网络不会给我们带来好处。新网络经济的过渡正在颠覆旧的秩序。旧经济的权力掮客们为维持现状，进行了积极但注定失败的辩护。他们的努力注定失败，因为网络是新的生产资料。那些拥抱网络的人将会坚定不移地走向成功，拒绝它的人将会遭到淘汰。这一事实显而易见。

随着我们对人工智能和自动化时代的29种成功策略的深入研究，我的预言——旧工厂思想家将消亡，新工厂思想家将崛起——这一事实将变得越来越明显。

我们需要从根本上改变对商业和经济的思考方式。工业革命正退却在历史的长河之中，新经济就在我们面前，下面就让我们共同探讨一下吧。

策略一

资源有限，利用无限

每种文化都有其主要的研究项目。古雅典人所研究的项目是建立（除妇女、奴隶、穷人外）一个拥有平等权利的民主国家；在中世纪的欧洲，其项目为十字军东征。

即便这一文化项目本身可能没有公开进行交流，却为部落、国家、种族提供了其历史轨迹和目的所在。它告知并且指导了文化社区所做出的决定。该文化项目是基于一个成功的公式，这公式同样也没有进行直接交流或获得广泛认可。在古罗马时代，其公式为“庞大的帝国等于庞大的权力”。在奥利弗·克伦威尔（Oliver Cromwell）的英格兰时代，其公式为“反教皇的虔诚等于精神上的救赎”。

自从18世纪末工业革命诞生以来，在西方世界里，其文化项目是通过生产及消费的拓展来促进经济发展。促进这一项目发展的成功公式在于“消费越多，幸福感越高”。该文化中的每位参与者都受到其母乳般的滋养。我们的父母、老师、名人、社交达人以及政治领袖都敦促我们消费更多，进而生产更多。

请记住，我不是要评判这成功的公式好坏，我只是指出，我们一直用成功公式来完成一项文化项目。毋庸置疑，这一项目已经成功了。全世界数百亿人脱贫了。这一公式有助于消除许多疾病，促进平等以及社会公平（当然，这项工作还在进行中）。但是认为这一公式没有带来相关的问题，即环境退化、种族灭绝、虚无的唯物主义、系统不平等性以及地方性歧视主义——这种想法也是愚蠢的。我想要讨论的是，这个文化项目及其潜在的成功公式现在已经过时，不利于新经济时代下的经济发展和个人成功。

使用“消费越多，幸福感越高”这一公式已经过时了，因为网络空间需求更多东西。它需要以及挑选适用于另一公式的产品及服务，该公式为“资源有限，利用无限”。遵循这一公式的公司、组织、个体以及机器人需求很大（注意：这一公式也可以是“有限的资源，更好的结果”。然而，最后的结果是提升幸福感，因此，这一公式最终追求的是有益的最好结果）。

在新经济市场中，许多应用了这一公式的例子已经得到了回报。以谷歌导航为例，其存在的理由是利用少量资源来获取更好的结果，即帮助人们花费更少的时间和精力到达目的地。爱彼迎可以轻易帮助人们预订房间、房屋甚至树屋，同时为房东创造各种收入。便民百货（Grocery Gateway）是一家加拿大杂货配送服务公司，它帮助客户减少开车往返杂货店的频次，以使其能将更多的时间和精力用在他们所喜欢的事情上。本地工具库（Local Tool Libraries）以年费方式来出借工具，帮助其会员完成建设项目。人们不再需要购买工具甚至租用它们，这些工具可以像图书馆的书籍一样有借有还。这些应用再次告诉我们，这便是“资源有限，利用无限”。

这种新经济模式对商业十分有利。实际上，这是促进成功的唯一可靠模式。为什么这么说呢？因为消费者会对那些以更少的资源获取更好结果的产品和服务给予回报。如果有一种节省能源费用的产品，例如，使用LED灯泡和智能恒温器，人们就会倾向于购买这种产品；如果证实了电动或氢动力汽车的运行和维护成本可以降至汽油动力汽车的50%，我们就会倾向于购买它们；如果有一款适用于任何事物的应用程序或平台能够以更少的时间、金钱、精力或努力获得更好的结果，那么我们就为此全力以赴。

显然，这个公式是任何公司都追求的赢家要素之一，但我们的旧工厂思维成了绊脚石。在旧经济时代，我们希望客户消费更多，因为我们认为这是赚钱的唯一途径：消费越多，利润越多。但在新经济时代，情况并非如此。如果你的竞争对手使用更少的资源为你的客户提供更好的服务，你的客户就会立即离你而去。

正如我在《锤子营销学》（*The New Factory Thinker*）中所解释的那样，旧公式使我们与客户产生矛盾，因为我们的激励措施与他们想要的激励措施并不一致。我们希望客户消费更多，客户则希望消费更少，这就是根本上的脱节。但是，如果我们的激励措施与客户的需求是一致的（我们帮助他们使用更少的资源获得更好的结果），那么市场成功的可能性就会更大。但要实现这一目标，我们必须摒弃旧的经济模式，采用新的经济模式。

这是在新经济时代取得成功的第一种策略，因为它是支撑其他所有策略的首要原则，其他策略都将围绕这一策略展开。

通过这个镜头观察经济和商业趋势有助于在我们心中强化这一策略。我的预测是：这种新的成功公式将彻底改变我们的经济，紧接着改变我们的社会。随着越来越多的经济实体服务于这个新的文化项目，这些变化将会加速。

这种转变将由机器人，尤其是人工智能来推动。如果我们仔细一想，就会发觉这种转变的主要任务是，帮助人们利用更少的资源来获得更好的结果。随着机器学习的发展，人工智能将变得更聪明、更快，它们将不断寻找方法，利用越来越少的资源从我们的世界中获得更好的结果。这就是为什么我们可能会看到目前化石燃料和其他地球资源的消耗量在下降（这个过程称为非物质化）。在不久的将来，石油价格可能会大幅下跌。我们可能会发现，人们不再像过去那样需要钱了，这就可能会导致负利率出现，即银行借钱给我们，但要支付利息，而我们将钱存入银行则要收取费用。每天都会有新的方法实现使用更少的资源，获得更好的结果。虽然这些变化在日常生活中是难以察觉的，但这些点点滴滴的变化最终会对我们的生活方式造成翻天覆地的变化。这就是我如此看好未来的原因所在，现在的经济激励措施更多是提升满足感而不是增加消费，这预示着更加可持续的未来。

至于这一基本原则，人类在人机共存中发挥着关键作用。虽然机器人将能够更好地利用更少的资源获得更好的结果，但需要人类来确保这些努力真正为人们带来更大的福祉。如果我们要求机器人保护地球免受敌人的侵害，它们可能会掉转攻击对象，不再攻击外星入侵者而开始消灭人类，因为它们认为人类对地球的健康不利。我们必须确保我们不会掉入科技时代的陷阱（即所有技术都是好的）。我们需要同技术伙伴携手，共同致力于为人类谋福祉。

因此，我们的任务很明确：开始思考，我们如何帮助他人使用更少的资源获得更大的福祉？虽然一开始我们可能会觉得这很难，但如果坚持下去，我们将会产生许许多多创意，然后这支“舞蹈”才真正开始。

关注受助对象

因此，当我的继女罗宾二十多岁时，她正在上大学，有一天早上醒来意识到要面对现实，一种恐慌感便油然而生。“我的生活和事业该怎么办？”她在餐桌旁哀叹了一晚。“我能做的事情太多了，但我无法做出决定。”

我记得我在她这个年纪时也问过同样的问题。我很困惑，因为我不适合任何一种典型的职业。我不想成为律师、医生或记者，即使新闻传播是我的专业。没有方向是可怕且令人绝望的，我十分确信我需要选择一个适合的职业，否则我将一无是处。在我陷入最疯狂的想象时，我从来没有想过我会成为一名企业家，经营一家大创意公司，并写一本名为《人机营销学》的书。

在旧经济时代，选择职业意味着选择技能、行业或专业。也就是说，选择一个可以从事的行业并在该行业中找到一个角色。人们有时会不经意地陷入这些角色中去，有时不得不听命于父母，有时得主动做出抉择。无论在何种情况下，原则都很明确：专注意味着选择行业或专业。

从公司的背景来看，原则是相同的。每家公司都是特定行业的一部分，销售特定的产品或服务。公司或组织由其产品或服务定义：制造铅笔、售卖家具、打扫房屋、销售保险。

在新经济时代，这种思维方式渐渐瓦解，主要原因有两个。第一，当我们围绕特定的既定产品或服务建立职业或业务时，我们将面临激烈竞争，这会降低我们的收入。这是简单的供求关系。第二，在一个不断变化的世界里，围绕一些可能由新技术（机器人）、新型竞争或市场条件变化而过时的事物来建立企业或事业，是愚蠢的。

此外，选择新经济时代的产品或服务专业会限制潜力。在我看来，每个人都有成为美食家的潜质（提供优质的产品和服务），但大多数人每天都去上班，售卖热狗（商品）。那是因为已经有一个销售热狗的行业，人们只需要学习如何经营一个热狗摊即可。但是我们当中有多少人真的想卖热狗40年或50年呢？

虽然热狗这个概念只是一个类比，但实际上我在16岁时确实在多伦多群岛的一个夏天卖过热狗。这需要每天工作10

小时，我得到了每小时1.65美元的巨额报酬。尽管这是当时的最低工资。这份工作其实很无聊，最后令人反感。当我们身临其境时，会发现热狗的气味真的很难闻，尤其是在90华氏度（约32.2摄氏度）的高温和高湿度的环境中。

这就是为什么我如此热衷于帮助人们成为美食厨师。我们都可以做到，但有一个巨大的障碍：与热狗行业不同，独特的美食业务没有现成的系统。我们必须建立一个这样的系统，但是大多数人不知道该怎么做。这就是我经营的大创意公司令人如此愉快的原因所在。我们帮助那些厌倦了卖热狗的人们，创建销售美食的包装和系统，看到他们的转变我感到十分欣慰。他们也会更快乐，更有成就感，赚更多的钱，工作量更少。他们在新经济时代中也处于更有利的地位。他们并没有为机器人（擅长经营热狗摊）所取代，而是与机器人一起工作，提供独一无二的高价值美食。

那么，我们如何才能到达这个更好的境界呢？与其选择特定的产品、服务、技能、专业或行业，不如决定我们想要帮助的对象，考虑一下我们想与什么样的人、公司或组织合作。例如，20年前，我决定要帮助那些有远见的商业人士。我一开始并没有决定我想做什么、卖什么或者交付什么。我首先决定了一起合作的对象，在我的工作生涯中建立业务关系。

首先关注受助对象听起来如此简单，但实际上一开始非常困难。因为我们的旧工厂思维总是首先选择一种产品或服务，不会为他人着想，并且总是倾向于优先考虑自己。（这并不是说我们天生自私或以自我为中心，只是250多年的工业环境使我们形成了这样的思维）当我与人们谈论他们的业务时，我注意到了这一普遍特征，即他们通常谈论他们的公司，却很少谈论他们的客户并且谈话的内容大多都是关于他们自身的。

首先关注受助对象会让一切变得更加清晰，并开辟一条畅通无阻的前进道路。它为我们提供了一个坚定不移的方向，并稳定了我们的生活、职业和业务。如果我们的业务或职业生涯建立在帮助特定类型的人或组织的基础上，那么某些变化，即使是不可预测的变化，也不会颠覆我们的战略方向。事实上，变化将成为我们的盟友，因为我们在新经济时代中可以提供一个关键价值，即帮助我们的客户有效地应对变化。因为变化是一种无限的资源，所以我们永远可以找到方法去帮助我们的目标客户。

这就引出了这个新经济策略的重点。当我们选择我们的“客户类型”时，我们也采取了这样的态度：我们准备尽己所能帮助他们；我们准备围绕客户建立一个“价值中心”，这意味着一切皆有可能；我们也愿意结合不同的“价值成分”来帮助客户解决问题并实现目标（后文中我将详细介绍价值中心和价值成分）。

倘若从受助对象开始思考，我们将更好地与机器人进行合作。我们不会为机器人接管热狗摊而感到忧心忡忡，而是会寻找与机器人合作的方法，为我们的客户烹制更好的美食。

这种新经济策略也创造了更大的福祉。我们没有陷入销售更多热狗的疯狂奋斗中（这可能不益于我们的心理或精神健康），而是专注于帮助人们，这是我们的首要意图。这种策略让我们对自身和我们的谋生方式更加满意。

这种新经济策略确实帮助了我的两个孩子。当我的继女罗宾要清醒地面对现实时，我告诉她：“与其先弄清楚你想做什么，不如弄清楚你想帮助的对象。” 她很快就想出了答案：“我想帮助那些没有我们幸运的人。”我告诉她，在考虑自己的职业生涯时，要把这个想法放在首位。她的确这样做了。在之后的几年里，她获得了硕士学位，并且在一家社会服务机构找到了一份很好的工作。她很高兴自己在做有意义和有趣的工作，即帮助人们。

我也给了我儿子道格同样的建议。今天，他和他的伴侣在渥太华附近的魁北克经营着一家有机农场。他们结合了有机农业、艺术和营销方面的知识和技能，打造了一家蓬勃发展的创新型企业。

与机器人共存，首先要决定我们的受助对象，而不是我们想制造、销售或交付的内容。

我们想要帮助哪些人呢？

策略三

创意引领价值

我们永远不知道我们会在哪里出生。在我大约6岁的时候，我妈妈给我看了我的出生证明。我很惊讶："我怎么会需要一份证明我出生的文件！""显然，我出生了，"我早熟地对母亲说道，"为什么需要一张出生证明呢？"

我母亲解释说，该文件证明我是1957年4月5日出生于阿尔伯塔省埃德蒙顿市的加拿大公民。手里拿着出生证明，我感到一种从未有过的自豪感和人格魅力。但我也很惊讶。"埃德蒙顿市在哪里？"我问，"我们住在多伦多市，为什么我出生在埃德蒙顿市？"

事实证明，20世纪50年代末，我的父母住在埃德蒙顿市，因为我父亲被派到那里为罗纳德·雷诺德斯（Ronald Reynolds）广告公司开设了一家分公司。这就是为什么我出生（这一幸运的事件）在埃德蒙顿市而不是多伦多市的原因。我认为这很酷，但没有意识到我的埃德蒙顿血统会在多年后派上用场。

出生在埃德蒙顿市很有用，因为我自己经常能在阿尔伯塔省发表演讲和主持研讨会。通常情况下，来自加拿大中部的人，尤其是来自多伦多市的人，很难受到阿尔伯塔省观众的青睐。在阿尔伯塔省，普遍存在一种反加拿大中部的仇恨情绪，这种情绪在这个国家的历史中根深蒂固。所以我去那里活动很冒险。但我有锦囊妙计。在我演讲开始之前，我会告诉大家我实际上出生在埃德蒙顿市，因此会认为我是他们的同胞，是从多伦多（被他们称为魔鬼的巢穴）回来的阿尔伯塔人。这通常会引起人群的窃笑。

阿尔伯塔省人的诚意，也让我坦率地谈论阿尔伯塔省的经济，当然，它是建立在石油和天然气工业基础上的。在阿尔伯塔省，实际上只有一个行业：石油和天然气行业。该省经济的几乎每个部门的命运都与石油的命运息息相关，尤其是石油价格。当石油价格上涨时，阿尔伯塔省的人很高兴；当石油价格下跌时，这里的每个人都会感到悲伤或愤怒。

那么，阿尔伯塔省与创意引领价值这一新经济策略有着怎样的联系？这是一个警示故事，告诉我们如果使用正面的旧经济策略，即围绕某种产品或服务建立一个价值主张，会发生什么。

在过去的一个世纪里，阿尔伯塔省一直以石油和天然气产业为经济支柱。在此期间，该省的经济迅速增长。在20世纪70年代，阿尔伯塔省有一个叫作遗产基金的东西，它是一种为阿尔伯塔人建立的以石油为基础的信托基金。就个人而言，我指望的是我那一份。嘿，那是因为我的出生证明！不幸的是，我从来没有拿到我的那份，其他人也没有拿到，因为2014—2015年，油价突然意外暴跌时，阿尔伯塔省陷入了困境。原油价格从每桶100多美元跌至25美元以下。对阿尔伯塔来说，幸运的是，价格已经回升（截至撰写本文时），但还没有恢复到之前的平稳高度。

上一段落的关键词令人出乎意料。阿尔伯塔人从未想过石油价格会暴跌。他们持有现状偏见。2014年，他们认为未来一定会像过去一样。他们认为，随着世界石油供应的枯竭，石油价格将继续上涨。这是可以理解的，但这是一个错误的期望。在如今的新经济时代中，一个关键的特征便是不可预测的变化。无论我们认为未来会怎样，我们都可能错了。在2000年的时候，我们有没有想过，会在脸书（Facebook，现已更名为元宇宙）上发帖，用智能手机在优步（Uber）上下订单，或者特朗普会当选总统？我们显然未曾想过。因此，我们可以肯定，未来几十年将带来我们从未预料到的变化。很有可能，下周会发生一些我们没有预料到的事情（想一想新型冠状病毒）。

然而，我的阿尔伯塔同胞们并没有预见到油价即将崩盘。他们不想看到它的到来。他们不愿考虑未来以及未来可能带来的困难变化。谁愿意考虑这个问题?

但事情是这样的：我们可能对未来不感兴趣，但未来对我们感兴趣。未来对阿尔伯塔很感兴趣。这是一个警钟。阿尔伯塔人或许会突然面临着一个与他们所期待的截然不同的未来，以至于他们自己做了一些不可预测的事情。

所以，事情非常清楚，我们无法预测未来，也可能看不出来过去或现在的任何事情。有一些我们完全无法控制的力量在起作用。即使现在事情进展顺利，也不会意味着它将持续保持这种状态。

这就是新经济策略如此重要的原因。它可以帮助我们在业务、事业甚至生活中适应未来。如果围绕石油等产品或服务建立价值主张，我们很可能在某个时候任人宰割。这就是加拿大“行动研究”电信公司（Research in Moion）及其黑莓（BlackBerry）产品所发生的事情。它围绕一款移动设备打造了自己的未来，并在苹果手机（iPhone）问世时，一夜之间从受宠的产品变成了灾难。而且由于“行动研究”公司使用的是传统的经济思维，它无法实现转型，其思维成了绊脚石。阿尔伯塔省也发生了同样的事情，现在仍在发生（我将很快回到这个问题上）。

在这个纷乱变化的世界中，为了让我们处于不败之地，更好的方法是围绕一个伟大的创意，一个与特定产品或服务没有直接联系或依赖的核心概念。这个伟大的想法给我们指引一个方向和一条道路，无论发生什么都会畅通无阻。它还为我们提供了创造性空间，创造无限的价值成分（如果旧的经济术语更受欢迎的话，即产品和服务）。

一个伟大的想法即创意包含3个要素：大目标、大问题和标志性活动。我将在这里以线性方式对它们进行解释，但其实可以按任何顺序来阐述它们。

创意的第一个要素大目标定义了我们帮助理想客户实现的目标。这不是我们的目标，这是我们对理想客户的期望。例如，我们可能希望帮助他们变得快乐10倍或健康50倍；我们可能希望帮助他们取得25倍的成功，或以15倍的速度快速学习。请注意，我给每个目标一个量化的衡量标准，大概15次或50次。这个放大的数字标准是有意为之的。我甚至鼓励说100次或500次。这种方法支持了一种信念，即大事情是可能发生的，这些信念是旧工厂思维通常会让我们失去的东西。关键是要记住，我们的大目标不是承诺。我们不能保证我们会让一个人强大12倍，但我们可以让它成为我们的目标。意图与承诺是不一样的。

创意的第二个因素是大问题。正如我所说，如果我们愿意，我们可以从这里开始。使用嵌入模式识别，我们能够看到那些困扰人们或组织所无法识别的问题。就我而言，根据我与数千家公司的合作，可以看出有些公司陷入了旧工厂思维。他们看不到这个问题，但我可以。所以，我的愿望是帮助人们认识到旧工厂思维是如何阻碍他们前行的，并帮助他们利用新工厂思维将他们的业务扩大10倍甚至更多。我过去的愿望是这样，现在仍是如此。

在新经济时代，问题意味着无穷无尽的资源，我们只需要寻找它们。当我们受困于流水线上时，老板不希望我们去寻找问题。他们只是想让我们做好本职工作。我在啤酒厂工作的时候就是这样。整整6个星期以来，没有人注意到我们在啤酒瓶上贴错了标签。我们没有寻找问题的义务。因此，该公司损失了数百万美元（不过，好的一面是，员工们可以喝到贴错标签的啤酒，无论如何，味道都一样）。

但是通过使用这种新经济策略，我们现在的工作就是不断寻找需要解决的问题，最重要的是，这些问题永远不会缺少。一个很好的例子便是诺顿（Norton LifeLock）公司。该公司帮助保护用户身份免受网络猎手的攻击。它的价值主张是基于解决一个在互联网出现后的大问题。有一家名为“声誉卫士”（Reputation Defender）的公司，当其受到社交媒体上的恶意攻击时，诺顿公司可以帮助其恢复好名声。这些业务是以解决新出现的问题为基础的。这就是为什么快速的变化会带来一个反常的好处，即传播问题。每一项新技术和结构调整都会产生意想不到的问题。当我们热切地拥抱新奇迹时，通常会在后来发现它们带来了新的问题。这对于像我们这样的新工厂思想家来说是好事，因为我们永远不会缺少需要解决的问题（有关此主题的更多信息，请参见第十八种策略：变废为宝）。

创意的第三个要素是标志性活动。当我们愿意为我们的客户提供任何类型的价值时（见策略二），我们仍然需要提出一个定义功能来锚定我们的价值主张。例如，在我的案例中，其标志性活动就是伟大的创意（后现代化令人十分愉悦：我的创意便是创意）。在20世纪90年代，我意识到最强大的定义功能就是帮助人们产生创新的想法。对于这方面，我很擅长并且十分热爱。所以一切都从这里开始了。我与一位潜在客户的第一次会面称为“创意对话”。我的会员项目叫作“创意冒险”，我的个人频道叫作“比尔·毕晓普的创意秀”（Bill Bishop's BIG Idea Show）。一切都源于创意。

对于我的价值主张，我最欣赏的一点便是，它是面向未来的。我无法想象伟大的创意过时后会变成什么样子。事实上，我相信，随着人们不断重塑自我，伟大的想法在未来会变得更加重要。如果机器人擅长创造性的头脑风暴，我期待着与它们进行合作，共同探讨一些重大的想法（实际上我现在在工作过程中便会使用机器人。我编写了一个算法，它可以随机生成数千个品牌名称，并且想出数百个好名字）。

因此，我们要深入思考标志性活动。我们在什么方面令人难以置信？我们喜欢做什么？即使没有得到报酬，我们仍然会喜欢这样做吗？也许做一些有创意的事情，比如我提出的创意；也许它正在帮助人们表达他们的生活愿景或给他们的家庭带来和谐；也许它正在为设备制造寻找新的零部件或可靠的供应商；也许它会帮助某些人为年迈的父母设计一个更安全的房子（这些都是我们项目成员提供的活动）。

当我们将这三个要素结合在一起时，我们就形成了一种独特的、先进的和面向未来的价值主张。它超越了我们的旧经济竞争对手所提倡的价值主张。

以阿尔伯塔省为例，它陷入了旧的经济价值主张中。它提取、提炼和分销石油和天然气。我想，只要石油价格高，那便是好事。但如果油价再次下降会发生什么呢？基于策略一我可以设想：使用有限的资源实现福祉，新经济可能会极大地削弱对化石燃料的需求。在这方面我的观点可能是有误的，但如果阿尔伯塔省存在一个备用计划，那对于该省而言会是一件好事。

我认为阿尔伯塔省应该围绕创意构建其价值主张。该省应以石油收入为基础，培育新型能源，如太阳能、风能、生物燃料、核能、氢能和未来可能会出现的其他新能源。其宏伟目标可能是用非化石燃料创造1000倍以上的能源。该省应帮助解决气候变化问题，并鼓励任何可以提高经济能效的措施。但事实并非如此。阿尔伯塔省完全不同意这些想法，因为它陷入了旧经济思维，看不到眼前的机会。

我认为这种观点是愚蠢的，即我们必须放弃石油来拯救地球。坦率地说，这种情况不会发生，至少短期内不会发生。但与任何其他旧经济企业一样，阿尔伯塔省需要一个新经济战略，而且它处于这种转型的有利地位。我希望该省政府能够采纳我的建议，但不确定它是否会接受我的建议。当我提出这些想法时，人们的反应五花八门。大约50%的人同意我的看法，其他50%的人对此不屑一顾，还有些人持反对意见（那时我拿出了我的埃德蒙顿出生证明）。

为了在新经济中蓬勃发展，应围绕创意而不是产品或服务建立价值主张。这并不意味着放弃某种产品（如石油），而是不应该依赖它，因为我们现在拥有更多的选择。

策略四

有序拓展网络

在过去的40年里，我读过一些优秀的商业书籍和文章。我最喜欢的是艾·里斯（Al Ries）和杰克·特劳特（Jack Trout）的《定位》（*Positioning*），约瑟夫·派恩（B. Joseph Pine）和詹姆斯·H.吉尔摩（James H. Gilmore）的《体验经济》（*The Experience Economy*），以及西奥多·莱维特（Theodore Levitt）的文章《行销短视》（*Marketing Myopia*）。它们帮助我建立了我的商业和营销模式。但是对我影响最大的是理查德·尼尔森·鲍利斯（Richard Nelson Bolles）著的《你的降落伞是什么颜色？》（*What Color Is Your Parachute?*）。

在我快30岁时，我读了《你的降落伞是什么颜色？》。在创办并经营了一家名为《上城杂志》（*The Uptown Magazine*）的社区报纸后，我意识到自己需要一份真正的工作：在市中心的一座办公楼里找一份朝九晚五的工作。我想在营销界找到一份工作，比如一家广告公司或公关公司，但是我不知道怎样才能得到那样的工作。

有人建议我读一下《你的降落伞是什么颜色？》这本书。读过该书以后，我很高兴我这么做了。它不仅帮助我找到了工作，还教会了我一个重要的营销策略，该策略在新经济时代非常有效。

这本书建议我放弃传统的求职过程，即先寻找招聘信息，然后再进行面试。这位作者说，这个过程效果不佳，因为数百人申请同一份工作，无论某个人有多么合格，机会都很渺茫。他还表示，面试过程过于正式和生硬，很难让人脱颖而出，表现得很自然。

因此，鲍利斯提出了另一种方法。他建议在目标行业建立一个人脉网络。询问我们在某个行业中认识的人，我们是否可以去他们的办公室了解他们的业务。不要表现出我们在找工作的样子，只说我们想彼此交流学习。当我们访问一家企业时，可以提出很多问题，并尽可能地发现更多问题。然后询问我们是否可以会见到该行业的其他人，并向这些人介绍自己并重复这个过程。另外，与此人会面后，为他或她送上一封手写的感谢信。

那么，这将如何帮助我们找到工作呢？首先，我们可以通过在非正式的情况下结识更多的人，从而建立一个更庞大的社交网络。其次，这会给我们遇到的人留下良好的印象，尤其是当我们向他们发送感谢信的时候。鲍利斯说，80%的工作从未发布过广告，因为这些工作岗位已经由雇主分配给以其他方式进行过面试的人了。

通过这个过程，我走访了大约50家公司，几乎了解了所有营销行业的情况。正如鲍利斯所说，“他们中的三个人分别给了我一份工作，我接受了其中最好的那份。那是一家享有盛誉的公关公司，拥有众多顶级品牌客户”。

那份工作我只干了两年，因为我最终意识到我是一名企业家，不可能为其他人工作，但是从《你的降落伞是什么颜色？》中学到的内容一直伴随着我的成长。如果我们想获得工作或客户，最好先专注于建立一个网络，然后有序拓展这个网络，并且一次培养一个高素质的人才。

在新经济时代，这一原则更为重要。因为我们生活在一个网络化世界中，成功的关键策略之一是不断扩大我们网络的规模和质量。新经济思想家知道，如果他们开始拓展出一个高质量的网络，就会获得更多销售机会和渠道。

虽然这的确有道理，但旧工厂思想家通常不会这样想。

他们首先专注于销售自己的产品和服务，并且将大部分创造力和精力都用来思考如何销售更多产品。他们只是进入市场，并向潜在客户推销自己的产品。

在如今的新经济时代中，旧方式已经不能很好地发挥作用了。机器人已经取代了销售职能，并能够用计算机生成的销售说辞对人们进行轰炸。面对机器人这股洪流，如今大多数潜在客户将销售人员拒之门外，无论是在消费者层面，还是在企业层面上。

为了克服这个问题，请遵循新经济策略四：有序拓展网络。如果我们围绕我们的业务建立一个社区，一次只培养一名高素质的人才，我们将获得更多的销售额。

2017年6月，我创办了新经济网络（The New Economy Network）。我邀请了12位客户参加一个高档商业俱乐部举办的活动，并就人工智能和机器学习进行了热烈的讨论。从那次就职聚会开始，“新经济网络”已经发展到在北美5个城市拥有300名成员。我们已经举办了100多场活动，现在有了赞助商、一个活跃的社交媒体团体以及不断扩大的演讲者规模。我预计在未来几年，该网络将继续在全球范围内扩张。

我慢慢地建立了这个网络，并且一次培养一个高素质的人才，我不只是试图简单地融入一群人中。我从容不迫，眼光敏锐，并且把这个过程比作种植花园，通过结识更多人，种下种子，然后去除劣质杂草，培育出最好的植物。

通过使用这种有机的方法，我结识了数百个新朋友，并扩大了我的影响力。这些联系人邀请我在许多活动中发言，我由此得到了很多新客户。在没有卖任何东西的情况下，我做成了这些买卖。

当我们都在流水线类型的企业中工作时，建立一个网络是没有必要的。我们只是完成了特定的任务，然后下班回家，这也就意味着我们的业务关系网络非常狭小。但在新经济时代，我们的成功取决于我们建立网络的规模和质量。

你可以把网络建设视作你事业或职业的第一个阶段，给这个网络起一个名字，比如新经济网络。为了吸引人们，免费提供有价值的东西。当人们接受这种免费价值时，他们就成了订阅者。第二阶段是将这些订阅者转变为客户或会员。第三阶段是为会员提供不断扩大的产品和服务价值中心。

我们当然可以购买电子邮箱地址列表，并建立一支庞大的追随者大军，但质量胜于数量。在一个社交网络中，高素质人才会花钱，并帮助你吸引其他优秀人员（请注意，不同的人对高质量的定义可能有所不同。这不仅意味着他们有很多钱，也意味着他们认同我们的创意理念，而我们也乐于与他们合作）。

我的一名客户围绕着一个以时尚为导向的电子邮件时事通讯，即“时尚知识网络”（The Fashion Knowledge Network），有序地拓展网络。一开始他只有5名订阅者，现在已经有5000多名了。每天，他都会将时尚界的人添加到他创建的网络中，并且注重的是质量，而不是数量。

他现在在时尚界的知名度更高了，并且网络上将其视为该行业的领导者和专家。他在会议上发表主题演讲，并因此获得了可观的咨询收入。此外，他的服装生意也吸引了更多顾客。他说：“每次有序拓展网络时，我结识了更多的人并销售了更多的衣服。”

在与机器人进行合作的过程中，不要忘记人，不要只为技术所包围。要给他人以援手，共同建立关系。

我自己所明白的是，我可以在屏幕后台忙碌，可以将社交媒体的关注者与真实的关系混为一谈。但实际上，科技会给人际关系设置障碍。这就是为什么见面仍然很重要，无论是面对面，还是通过视频会议。理想的情况是彼此面对面地交流。

我的猜测是，在新经济时代，人与人之间的面对面交流将变得更加珍贵和有价值。当每个人都受困于屏幕之后或迷失在虚拟现实中时，在现实世界中——我称之为生物宇宙——的相遇将是宝贵的。与流媒体音乐服务相比，面对面会议就像是黑胶唱片。

其基本要素在于：如果我们专注于有序拓展网络，每次培养一位高素质的人才，我们就会遇到更多潜在客户，获得更多的销售额。

策略五

有的放矢

在新经济时代中，问题比答案更重要。

安迪是我的创意冒险项目（BIG Idea Adventure Program）的成员之一，他将这种新经济策略运用得非常有效。他赚了很多钱，不是因为他知道所有的答案，而是因为提出了很多极好的问题。他告诉他的潜在客户："如果你见到我，我会问你3个你一生中被问过的最重要的问题。"当然，他们想知道问题是什么。然后他说："我不能告诉你，你必须来参加会议。"

在会议上，安迪的潜在客户通过深入思考他们的生活和事业回答了这3个问题。最后，安迪告诉他们，他还有其他97个问题（总共100个），但是他们必须参加他的项目，每年费用为1万美元。到目前为止，他的项目已经有70多名会员注册了。

安迪十分惊讶他这个项目的成功："我从没想过人们会付钱让我问他们问题。我以为人们只会因为答案而付钱给我。"

在新经济时代，答案是便宜的。事实上，大多数时候它们都是免费的。如果我和我的妻子就布拉德·皮特（Brad Pitt）的第一部电影（或其他重要话题）争论不休时，我可以在互联网电影资料库（IMDb）上两秒钟内得到准确答案。如果我想知道匹兹堡市的天气，我可以从我的天气应用程序中迅速得到答案。如果我想知道我最喜欢的棒球运动员的击球情况，Siri（苹果公司在iPhone系列应用的一个语音助手）会在我刷牙时提供答案。

随着人工智能越来越强大，它访问的数据量呈指数级增长，机器人将成为一切问题答案的首选来源。指望人类回答特定主题的问题似乎很奇怪，而且浪费时间。

这一现实将挫败那些认为他们的知识宝库是他们最重要资产的人。无论人们的大脑中储存了多少知识，都无法与全球人工智能数据库中的知识相比拟。这就是为什么把人们的注意力转移到技巧性的提问上是很重要的。

举个例子。正如我聪明的妻子所说的，出于一种男性的过度自信，我决定重新灌浆我们小屋里的一些木头。其诀窍是将石膏以精确的比例适当混合，这样它就不会太稀或太干；还必须在一个特定的时间范围内涂抹石膏，一旦混合，石膏必须在20分钟内使用，这是个令人棘手的任务。

为了完成这个任务，我咨询了当地建筑用品商店的伙计们。他们解释了如何混合沙子、水泥和石灰这3种成分。他们给了我3种成分的具体比例，到目前为止还不错。但是当我将其进行混合时，却没有产生作用。这种混合物太稀了，没有粘住圆木之间的空隙。我对此很困惑，因为我的确完全按照建筑用品商店的人所说的去做了。

于是我开始上网。在谷歌上询问了相关的问题。为什么石膏混合物太稀？如果我使用ABC牌水泥，这会改变混合物中的石灰比例吗？如果将ABC牌水泥与XYZ牌石灰混合会发生什么？会有什么改变吗？果然，谷歌引导我找到了自己所需要的具体信息。事实证明，我得将混合物中的石灰量增加一倍，我很快就做到了，而且这使得石膏的稠度恰到好处。

当时，我很惊讶我能从网上得到如此具体的答案。如果是在20年前，我会完全不知所措。但后来我意识到，我在人机合作的过程中扮演了重要的角色，我向机器人提出了正确的问题。如果我没有熟练地进行多次询问，我就无法确定正确的答案。

对整个事件做最后的说明：在我涂抹石膏混合物的前一

分钟，停电了，所有的灯都灭了，所以我必须在石膏凝固之前迅速安装一个以电池供电的照明系统来完成这项任务。这是令人疯狂的，但最终的结果相当不错。

学习如何提出好问题，然后在这些问题的基础上进一步拓展，是新经济时代中的一项关键技能。我们向人类和机器人提出问题，我们很善于倾听答案，然后再进一步提出问题。

更重要的是，我们从定义目标开始，便需要询问自己：我们真正想要完成的是什么？我们潜在的动机和意图是什么？我们为什么要实现这个结果？

有了明确的目标，我们想出了更好的问题来询问机器人。就像完成这项石膏工作一样，我心里有一个具体的结果。我不停地问细节问题，直到机器人给了我所需要的答案。

因此，以寻求目标来代替存储结果，用提问代替回答。不要只是盲目提问，要有询问的对象。谁能帮助我们实现目标？机器人认识能帮助我们的人吗？让机器人帮助我们建立与机器人之间的新联系。

在人机合作的过程中，我们运用了人类的超能力，即无限的好奇心。我们解开束缚，带着好奇心四处漫游，并且从不停止提问。

当我们走上这条道路时，就会发现，目的性问题带来了无限的可能性。在学校里，我总是坐在第一排（我的肤色是棕色的），并不断提出问题。我永远无法理解那些坐在后排却从不提问的孩子们，因为我对每件事都感到好奇。我喜欢问问题，因为答案可以为我打开新世界，每个答案都引出了另一堆问题。我可以无止境地提问题，我想这就是我成为作家和记者的原因，因为我有很多问题。

所以要保持好奇心，始于一个目标，不断发问，因为不知道问题会把我们带向何处。

策略六

“超越”与“整合”

1968年圣诞夜前夕，阿波罗8号登月舱上的宇航员——弗兰克·博尔曼（Frank Borman）、詹姆斯·洛弗尔（James Lovell）和威廉·安德斯（William Anders）——在绕月飞行时，通过电视向全世界致以问候。阿波罗8号的机组人员是第一批绕月飞行的人类。他们没有在月球表面着陆，但他们证明了月球轨道是可行的（阿波罗11号是人类第一次登月任务）。

我当时11岁，在从圣诞晚会开车回家的黑夜中，我听着车上广播他们的信息时，内心深感敬畏。他们诵读着《圣经·创世纪》中的段落。对人类来说，这是一个伟大而卓越的时刻。

那天晚上，宇航员们还拍了一张令人惊叹的照片，照片上是我们蓝色的星球，背景是深黑色的太空。在这幅地球图像中，没有国家，没有边界，没有种族，没有政党，只有一颗飘浮在太空中的小行星。

在地球上，在我们的事业和生活中，我们认为生活在一个有界限和边界、有类别和子类别、有定义和深层定义的世界，但它们不是真实的。它们是我们在头脑中共同构建的思想。这些“社会构念”的确是有用的，因为它能帮助我们理解我们的经历，但它们也让我们陷入狭隘的定义中，限制了我们的潜力。我们在脑海中建造一座“牢狱”来保护自己的安全，因此我们和这些“社会构念”也成了“囚犯”和“监狱长”。

“社会构念”还分散了我们的思维。当我们为所有内容创建类别时，也将所有内容分散开。当我们看不到整体，只看到部分时，我们忽略了这些部分是如何组合在一起的。然后，我们逐渐依附于这些部分，并拼命地依附于它们。

正因为如此，旧工厂思想家及其组织往往是碎片化和自我局限的。他们认为：“我们制造勺子，而不是叉子。我们教数学，而不是教历史。我们卖的是跑鞋，而不是泳装。”他们坚持狭隘的价值主张，并将自己陷于狭小的角落内。奇怪的是，没有人告诉他们这样做，他们只是认为这是应该做的。

划分、分类和比较使我们拥有超强的竞争力。我们定义自己，明确自己的类别，并努力成为该类别中的最佳玩家。

我们憎恶我们的对手，并且想要击垮他们。

但问题是，我们永远无法赢得这场比赛。正如我从网球练习中学到的那样，总是会有更好的球员。无论我们多么努力，总会有人超越我们。即使我们在同类产品中名列前茅数十年，也总能感觉到一群竞争对手紧跟在我们身后，总有一天他们会超越我们。这不是一种很好的生活或经营企业的方式，但我们大多数人认为这是唯一的出路。

此外，碎片化的思维使我们无法看到，我们可以为客户提供更卓越的综合价值。当我们为赢得产品类别的主导地位而战时，我们并没有看到我们的客户真正受益于那些被整合的产品类别以及更高价值的服务。

其关键因素在于放弃战争，做到“超越”和“整合”。

让我举个例子。假设某人拥有一家花店，在市场上排名第一。这听起来不错，却是个诱饵，实际上什么都赢不了。在竞争激烈的情况下，经营者不能提高价格，因为担心失去市场份额和主导地位。所以不管做什么，迟早会有竞争者篡夺桂冠。

在新经济时代，客户很容易看到一个行业或产品类别中的所有竞争对手。然后，他们可以快速比较，以最低的价格做出最佳选择［我写了一本关于这个问题的书，名为《企鹅营销学》（*The Problem with Penguins*）］。

这就是在新经济时代中我们无法赢得这场竞争的原因，所以切勿尝试。相反，假设有一个更优越的位置。花店老板应该创建一个集合所有花店的平台，推出一个门户网站，为客户提供每个花店的单一访问点，包括最激烈的竞争对手，从而将竞争对手转变为战略合作伙伴。同时向他们收取费用，让他们成为网络的一部分。换句话说，即从竞争对手那里赚钱。

然后再采取进一步的措施：整合。添加与鲜花互补的价值成分。添加活动策划者、餐饮、礼品篮、贺卡、民谣歌手之类的参与者、浪漫经历和巧克力，以及策划和整合最优质的供应商并将其货币化。只要我们有正确的心态，这听起来似乎很简单。如果我们陷入竞争中，我们将永远无法“超越”和“整合”，也永远不会与竞争对手合作。

事实上，我们的大多数竞争对手永远不会“超越”和“整合”，这是一个竞争优势。通过采取一种超然的心态，我们设置了一个非常强大的进入壁垒。为了进入我们的“超越”空间，我们的竞争对手也必须采取“超越”的心态。如果他们陷入旧经济思维中，那他们就很难做到的。

“超越”也是欣赏更高层次价值主张的潜力。在具有启发意义的花店例子中，店主意识到顾客不仅是鲜花爱好者，他们还是恋人。他们买花不是因为他们喜欢玫瑰，而是因为他们喜欢罗丝或罗纳德。我们的经营者意识到他们并不是在从事花卉生意，而是在做浪漫生意（我亲身体会过这一点，因为我在第二次约会后送了一束耀眼的鲜花给我的妻子，从而赢得了她的芳心）。

通过采用“超越”的价值主张（浪漫，而不是鲜花），我们对竞争失去了兴趣。我们看到，赢得花的战斗是一场轻量级的战斗，可谓是一场甜蜜的斗争。如果这是我们想要的，就是在别人购买我们竞争对手的花时，我们也可以赚钱。这不是很神奇吗？通过销售不属于我们该行业或类别的产品和服务来赚取收入，这是一件很有趣的事。

在我决定进行“超越”和“整合”之后，我的事业突飞猛进。在最初的10年里，我们售卖市场营销服务，包括时事通讯出版、平面设计和网站开发。但竞争很激烈，我们的利润率很低。

经过一番思考，我得出结论，我们要像“营销管道工”一样，提供销售渠道。因此，我们决定成为营销设计师——帮助我们的客户制定营销蓝图，然后把他们需要的所有营销产品和服务整合在一起，无论我们是否生产它们。我们的

“创意冒险项目”由此诞生了。

“超越”和“整合”对我们公司来说是很好的举措，因为它为我们的客户提供了更高水平的价值。比起“营销管道工”，他们更需要营销设计师。他们可以在任何地方找到一个“营销管道工”，但市场营销设计师要少见得多。事实上，自从1998年创立我们的项目以来，我们还没有看到任何一个竞争对手也做出了类似的卓越转变。而我们已经将其中一些竞争对手整合到价值中心了。

当然，“超越”和“整合”也包括机器人。当我们走上正轨时，我们不再与机器人竞争，而是将它们视为有价值的供应商和合作伙伴。尽管我们将技术视为天然的集成器（比如集成电路和软件编译器），但它们实际上并不擅长集成领域。大多数技术都有非常具体的功能。例如，语音转文本的应用程序擅长语音转文本，但不太擅长测量血压，分析病毒DNA结构的系统并不擅长分析青少年的购买习惯。

技术也不擅长“超越”。即使是最强大的机器学习算法，无论变得多么聪明，都会保持在自己的道路上。如果人工智能被设置为自动化和优化食品杂货配送公司的物流，它不会突然提出新的营养标准或将所有的食品杂货连锁店整合到一个合作的在线平台中。

因此，我们人类在超越价值创造方面拥有巨大的竞争优势，也是这方面的大师。通过使用实体模式识别和目的驱动思维倾向，我们可以识别出世界上更高层次的问题，并提出新的想法来提供更高层次的价值。我们还看到了如何整合以前完全不同的概念、资源和技术，以实现更有意义和有益的目的。

然而问题是，对我们来说，“超越”意味着什么？我们更高层次的价值主张是什么？可以扮演什么样的更高层次的角色？如何代表客户整合不同的资源？如何与竞争对手合作？

策略七

非物质化

多年来，我对法国矿物质饮料巴黎水（Perrier）怀有一种难以抑制的热情。我一直渴望一杯带有柠檬片的冰巴黎水。就如同我生活中的许多事情一样，我对它的热情有些过头了。我每天喝两三大瓶，这意味着我每周至少要从杂货店购买三箱。当然，该产品也十分青睐于我，因为我认为我是其头几名的客户，但我也不会因此赢得任何环保奖项。制造该巴黎水的公司必须将水提取出来，将其装入由原材料制成的瓶子中，远渡大西洋，将这些箱子运送到当地的商店。而我则开着车去商店，把一箱箱产品搬回家，然后在我饮用完这些产品后，瓶子被回收。仔细想想，你会发现这很疯狂。我在巴黎水的热情上耗费了大量的时间和精力，更不用说金钱了。

随后气泡水机出现了，这打破了原来的状态。现在我们在家自制气泡水。虽然我仍然喜欢巴黎水的味道，但我们使用气泡水机节省的金钱、时间和精力是不容忽视的。所以现在我很少购买巴黎水，转而饮用苏打水。是的，我确实需要定期更换气罐，但气泡水机更加保护环境。我不再把一箱箱的巴黎水搬回家，也不再把用过的瓶子装满回收箱，而且这样我还能省钱。

气泡水机便是“非物质化”的一个例子。作为一种新的技术或方法的结果，它需要更少的资源，并提供（可能不是更好的）与巴黎水类似的结果。更具体地说，它获得的价值需要更少的资源，尤其是从地球上提取的具体资源。在新经济时代，非物质化是一个强大趋势，但是很少有人理解和认识到这一点。

作者安德鲁·麦卡菲（Andrew McAfee）在他的《从少到多》（*More for Less*）一书中解释说，经济增长不再与地球资源开采量的增长相关。事实上，在过去的30年里，随着经济量的增长，资源开采量却下降了。麦卡菲强调，这种趋势是前所未有的。在过去的1000年里，所有经济增长都与资源开采量的增长直接相关。但在20世纪90年代，公司开始使用计算机来研究如何使用或投入更少的资源获得更好的结果。

例如，今天一罐可口可乐所用的铝只有30年前的十分之一，虽然我们仍然可以喝到美味的可乐，但生产可口可乐过程中涉及的运输机制、罐装模具以及产品重量（相对较轻）已有所不同。重点是消费者不在乎罐装的重量，因为消费者不买可乐罐，买的是饮料。因此，可口可乐可以减少铝的使用，并且在不失去市场份额的情况下降低成本。这是一个强大的激励措施。像可口可乐一样，每个生产商都想要降低成本，增加利润。这就是为什么在新经济时代中，每家公司都迫切地想要实现非物质化。

在未来几年，“非物质化”这一事实将变得更加明显。一切都将变得更轻、更精简，许多东西都可能会消失。以智能手机为例，我们不再需要照相机、计算器、扫描仪、记事本、立体声系统、电视、传真机、邮件机甚至计算机，因为它们都将为智能手机所取代。智能手机也将取代数字多功能光盘（DVD）及其播放器、印刷书刊、报纸、大量的医疗设备等。如果所有的书刊和数字多功能光盘都消失了，我们也就没有理由需要它们了。

“非物质化”意味着不再需要以前制造、分销、储存和销售这些产品所需的所有金属、化石燃料、水和木材。但这些物质仍旧可以留存在地球上。

关于“非物质化”的新闻让任何在资源开采行业工作的

人都感到恐惧。如果我们是通过在地球上开采东西而赚钱的话，我们就无须理会“非物质化”。但它也应该为从任何有形物质中赚钱的人敲响警钟。

不要误会我的意思。我们仍然需要有形的东西，比如汽车、衣服和房子，但这些物品的生产将使用更少的有形资源。这是因为使用越来越快的计算机和更强大工程软件的制造商将通过使用更少的资源来降低成本。这是另一个关键点，并不是因为这些公司想拯救地球，而是因为它们想要节省金钱，从而将产品和投入“非物质化”。

金钱是“非物质化”的一个极好的例子。我过去常常随身携带一大沓纸币和很多枚硬币，但现在我口袋里很少带钱。我可以在苹果手表（Apple Watch）上轻按一下，进行零售交易（哎呀，钱包和信用卡都不见了）。作为商人，我不再使用销售点终端（POS机），转而使用自身的业务在线系统。

更戏剧化的是，10年前，我有一家办事处，几十个人在里面工作。这需要大量的桌子、椅子、计算机以及厨房、饮水机和大量其他设备。

那是我以前的工厂。

假设这些设备的总重量为10000千克，这就意味着需要从地球上提取很多东西，而且购买和维护这些设备花费了我一大笔钱。如今，本企业所需的设备仅为225千克左右，但我们为客户提供了更多的价值。

我生意上的“非物质化”并不是偶然发生的，而是有意为之的。10年前，我设定了一个目标：在为创造双倍价值的同时，尽量减少不必要的东西。令我十分感激的是，我的客户对我们那堆10000千克重的东西毫不在意，他们只是想从我们这里获得价值。我还意识到，在我的业务更令人轻松时，意味着我可以花费更少的时间来管理我的东西，而有更多的时间来帮助客户。

“非物质化”正在悄无声息地进行中。我们每天从地球上开采的资源越来越少，却获得越来越高的经济回报。记住这一点，因为这不是大多数人的看法。大多数人认为，随着经济的增长，我们正在耗尽地球，因此拯救地球的唯一方法是抑制经济增长。这反映出了旧经济思想，因为这个概念在40年前可能是正确的，今天却并非如此。

此外，市场经济固有的竞争性质和利润动机，使非物质化成为可能。生产者受制于市场竞争力量的影响，有动力使用较少的资源投入，以降低成本并增加利润。消费者也有购买产品和服务的动机，因为这些产品和服务可以节省他们的时间、金钱和精力，并使用更少的有形资源。

同时，市场监管部门也在行动，比如，对汽车进行规整，使其更加节省油耗。这对汽车制造商来说是件好事，因为这鼓励他们降低投入成本，也让他们的汽车对消费者更具吸引力。在新经济时代中，市场和监管部门之间的良好平衡发挥着最好的作用。

10年后，所有东西都将明显变轻。许多东西会消失，但我们会更加繁荣。回顾过去，我们会意识到，我们已经“超越”了产品和服务，进入了一个无形价值的世界[参见我的书籍《篮球营销学》（*Beyond Basketballs*）]。

这一新经济策略的影响是深远的。一旦我们了解到“非物质化”的事实，我们就会很自然地开始处理东西。正如我所做的那样，我们可能会摆脱大型的办公室。通过“非物质化”的运营，我们将节省时间、金钱和精力，并能够为我们的客户创造和提供更多价值。

我问我的客户，他们花了多少时间为客户提供价值。他们经常说最多不超过20%。然后我问他们剩下的时间都在做什么，他们常常也不确定。但我知道，他们80%~90%的时间都在打理自己的东西。他们的旧经济思维使他们认为自己的东西就是自己的生意。

这就是为什么未来的发展趋势就是尽可能多地处理东西

（例如，把10000千克的物品减重到225千克或更少）。然后，我们将有80%~90%的时间和精力来帮助我们的客户。

对此，我们可以思考这些问题：

1. 我们如何使用更少的资源帮助我们的客户获得更好的结果？

2. 我们可以创造什么样的无形价值来取代有形的东西？

3. 我们如何利用新经济技术创造非物质化价值？

4. 如果我们的企业（我们的新工厂）完全是虚拟的，那将会是什么样的？

最后一点需要澄清。在新经济时代，并不是所有的东西都会消失，这不是我们的目标。我们的任务是摆脱任何没有必要的、不可取的、有形的东西。 我们可能还想买黑胶唱片，因为我们喜欢它们的感觉和声音。（黑胶唱片的销量在新冠疫情期间大幅增长）但未来的发展趋势很明确：大多数事物将会变得“非物质化”，并变得更小、更轻甚至完全消失。

策略八

批量定制

在旧经济时代，我们可以反复推出相同的产品或服务。我在啤酒厂工作的时候，装了两年同样的啤酒。我在热狗摊工作的时候，卖的是同样的热狗。我甚至不想提到我曾花了两周时间制作棉花糖。

在旧经济时代，几乎都是大规模生产。亨利·福特（Henry Ford）完善了汽车装配线，然后每个人都试图在他们的业务中应用相同的原则。所有东西都是大规模生产的：汉堡包、保险单和帽子。正如亨利·福特开玩笑说的那样："你可以让你的汽车变成任何你想要的颜色，只要它是黑色的。"

但在人机合作的过程中，批量定制已经行不通了。在新经济时代，我们必须快速满足客户不断变化的需求，并为他们提供独特的价值组合。他们想要定制设计的汉堡包或热狗，他们想要一份个性化的保险单，他们想戴一顶独一无二的帽子。

为了在新经济时代取得成功，我们的业务必须提供批量定制，这意味着能够为每个客户提供定制的结果，而且要做到快速和有利可图。

在《战略企业》（*The Strategic Enterprise*）一书中，我阐述了批量定制的关键企业利益。它帮助我们快速抓住有利可图和不可预见的机会。在新经济时代中，步伐快则赢天下。我们的客户不会等着我们给他们想要的东西，因为他们耐心不够。如果我们犹豫不决，不能快速拿出一个独特的解决方案，我们的客户就会寻找其他能够做到的供应商。

2000年我写下《战略企业》一书。批量定制在当时很重要，在现在更是必不可少。机器人和其他普遍技术的兴起正在加速经济的变化。上周有效的方法今天可能就无效了。一小时前有效的方法现在可能没用了。为了保持相关性，企业必须无时无刻不断地做出反应。在人机合作的过程中，没有过去，也没有未来，只有此时此地。

所以，批量定制是个不错的想法，但我们如何实现呢？批量定制系统是什么样的？我们如何建立这样的系统呢？幸运的是，我发现了一个通用的批量定制流程。事实上，这是一个用于创建批量定制的大规模定制系统（花点时间来解释这个令人费解的事物）。

这种通用的批量定制过程非常简单，但其作用十分强大。它将帮助我们在新经济时代繁荣发展，并使我们的业务更具前瞻性。它也是通用的，因为它可以应用于任何类型的业务。

在解释这个通用的批量定制过程之前，让我停下来做一个简短的概述。在旧经济时代中，流水线是基本的生产资料。正如我所说，在旧经济时代，几乎所有企业都设计为流水线型企业。

流水线是一个线性过程。我们投入原材料，生产成品或服务，然后将其分销到市场。这个过程很简单，但也充满了漏洞。如果我们生产了坏产品怎么办？如果市场发生变化怎么办？我们如何才能将生产猫砂的流水线变成制造狗项圈的流水线？这并非易事。这就是在铁锈地带有那么多工厂倒闭的原因。那些旧工厂及其流水线是为生产特定产品而设计的，当它们生产的产品不再拥有市场时，它们就立即被废弃了。

但是，如果我们围绕批量定制流程建造一个新工厂，我们永远不用担心它会倒闭。它将不断生产出人们需要的东西，因为它是专为不断变化的市场而设计的，其结构旨在满足每个客户的独特需求。它可以为一位顾客生产猫砂，为另一位顾客生产狗项圈，甚至可以为宠物机器人生产配件！

典型的旧经济业务流程和新经济业务流程之间的主要区别在于意图。旧经济业务流程的目的是为客户提供特定的预定产品或服务，销售人员的角色定位是向潜在客户销售特定产品。

新经济业务流程的目的是先调查真正的需求，然后提供客户真正需要的东西。销售人员的角色定位是确定客户真正需要什么并采取相应的措施。比如，当客户想要一把锤子时，我们能够发现他们真正想要或需要的是一把螺丝刀，而我们愿意并且能够生产螺丝刀。

有趣的是，一开始客户可能也不知道自己真正需要什么。他们可能认为自己需要一把锤子。但通过我们与其沟通，他们发现自己实际上需要一把螺丝刀。这个过程是买卖双方开诚布公的沟通与合作。那么，让我们来看看这个通用的批量定制过程的九个阶段：

第一阶段：评估现状——当遇到潜在客户时，首先要评估他们的当前情况。什么因素有效？什么因素无效？他们如何看待自己目前的状态？他们是感到快乐和自信，还是焦虑和沮丧？在这个阶段不要试图解决他们的问题，只利用人类的“超能力”即无限的好奇心，提出一些优质问题，认真倾听。

第二阶段：创建愿景——帮助客户为他们的未来制定愿景。他们的长期目标是什么？他们真正想要达到什么目的？

鼓励他们大胆思考，使用人类“超能力”的目的驱动想法，将其潜在的想法包含在他们的愿景中，并让他们写下来。

第三阶段：识别障碍——哪些因素可能会阻止他们实现愿景？是否缺少资源？是否有精神上的障碍？会受到其他人或机构的抵制吗？虽然这个阶段听起来可能很消极，但它是策略十的一部分：破除信仰，直面现实，我将在接下来的章节中进一步解释。

第四阶段：制定克服障碍的策略——针对每个划定的障碍，集思广益应对它们的策略和战术。深入研究，为最小的微障碍创建微策略。在这个阶段将目标驱动的想法付诸实践。

第五阶段：选择资源——确定客户需要哪些资源。这些资源包括产品和服务，也可能涉及其他组织提供的外部资源。这就是价值中心概念的用武之地。准备好整合客户所需的所有资源，并获得财务回报。

第六阶段：组建团队——在此阶段，帮助客户组建一个由专家、供应商和支持者组成的联盟。这个由人机共同组成的团队将为每位客户和每种情况提供独特的配置。

第七阶段：实施计划——在此阶段，作为总承包商，协调策略的实施、资源的获取和团队的协调。

第八阶段：定期回顾进展——定期与客户会面评估进展至关

重要。到目前为止，他们取得了什么成就？为什么这项成就如此重要？我们如何在这一进步的基础上再接再厉？即使是最小的成就，我们也应对此庆祝，以保持客户的积极性和决心不变。

第九阶段：定期回顾并完善计划——这个阶段将过程带回到起点。回顾客户的现状，更新他们的愿景；找出新的障碍，并制定新的战略；选择新资源并重组团队；继续实施相应的方案（注意：这是流程中的关键步骤。它确保了与客户的关系不会演变成单一轨道上的僵化结构，从而提供一组静态的价值成分）。

这就是通用的批量定制过程，其可用于任何场合、任何行业。我已经教会数百家公司使用它，例如殡仪馆、医疗保健提供商、制造商、酸奶店、保险公司和航空公司。

通用的批量定制过程可以通过无数种方式实现。它可以亲自、远程或以自动化方式进行；它可以快速完成，也可以延长一段时间完成；它可以指导客户，或由客户自身完成。

通用的批量定制是一项重要的新经济策略，因为它有助于这个不断变化、日益复杂的世界有序发展。我们不是简单地选择或提出某种单一的资源或技术，而是明智地为每种独特的情况找出最佳的行动方案。最重要的是，我们帮助客户实现他们真正想要的愿景。

策略九

促进流通

我在主日学校记得最清楚的故事是“七头肥牛”和“七头瘦牛”。在故事中，约瑟夫被卖到埃及当奴隶，成为法老的顾问。一天晚上，法老做了一个梦，梦见七头肥牛跟着七头瘦牛。约瑟夫指出，这个梦预示埃及将经历七年的丰收，然后是七年的饥荒。基于这一解释，法老在丰收的时候采取措施储存粮食和谷物，从而让埃及在饥荒期间免于饥饿。

这是一个好故事。我认为约瑟夫由于其分析梦境的天赋而受到法老的欢迎，这十分不错。但最让我印象深刻的是这个故事的经济上的教训。（我八岁的时候就在教堂里思考经济学了）这个教训便是：当我们把握住机会时，一定要留存一些实力以备不时之需，一定要把我们的一些收成储存起来，以度过艰难时期。

这是我一辈子都在使用的好建议（很高兴我妈妈是主日

学校的老师）。但在新经济时代，这则预言已经过时了，因为囤积不再是一种制胜策略。与仓储相比，促进流动更好，更加有利可图。与其做一个店主，不如做一个流动促进者。

例如，当我上大学时，我的目标是建立有关一系列学科的知识库，其中一个主题是我学术努力的主要核心——经济学。我的策略是将这个“仓库”搬到市场上，并围绕我所学到的知识建立自己的职业生涯。

你可能从我的其他书籍中了解到，我的职业道路并不是一条传统的直线轨迹。在获得经济学学士学位后，我还获得了新闻学的学士学位，并学会如何写作。但我在那些日子里所积累的，最重要的知识是当服务员［参考我的书《龙虾营销学》（*How to Sell a Lobster*）］。但一直以来，人们认为获得成功的方法是积累和储存知识，然后在市场上兜售这些知识。

积累和储存的冲动在我们的集体心理中根深蒂固。我们收集的东西越多，越感到繁荣和安全，因此我们也变得越来越喜欢收集这些储藏物，并花费大量资源来保护它们。这种囤积会导致不平等、不公正甚至战争。仔细想想，是不是大多数战争都是一群人为了得到另一群人的东西而进行的？因为战利品归属于赢家。

如今，在新经济时代，储存的好处已经不复存在了。在这个变化多端、不可预料的世界中，我们储存的任何东西最终都可能无法销售。例如，让我们以20世纪90年代的软件专家为例。Lotus 1-2-3是当时国际商业机器公司（IBM）最受欢迎的杀手级应用程序。这些专家对Lotus 1-2-3的了解世界上无人可比。但在2013年，Lotus 1-2-3却停止运营了，突然间，积累起来的知识库就没有用了。一旦市场发生变化，拥有大量关于Lotus 1-2-3的知识并没有什么好处。

当然，如今的情况变化得更快。今天的任何宝贵知识明天都可能成为无用之物。这个问题同样适用于任何种类的有形产品或设备。我们存储的任何实物都可能在很短的时间内变得毫无用处或过时。这就是大多数百货公司在新经济时代中受到了重创的原因所在，它们的全部目的是充当一个“商店”，购物者可以在那里找到自己想要的东西。但是，由于存储物品的成本以及这种商业模式缺乏灵活性，在网上购物时代，百货公司注定要失败。

基于这些原因，在新经济时代，更好的方法是促进流动，将自己设置为两方或多方之间的价值管道，弄清楚如何让价值创造者更容易地向价值消费者提供价值。我们不需要创建自己的价值包，我们只是促进流动，这本身就是一个更高层次的价值。

正如我之前提到的，我创建了新经济网络，它已经从以多伦多的一小群企业主为主体的社群发展成为一个不断扩大的、遍布世界的社区。我的愿景是促进知识和资源从新经济专家流向需要帮助的企业主，以应对这个新市场的现实。

我邀请了一些演讲者来谈论人工智能、区块链和物联网。我的目标不是传授他们在这个问题上的知识储备，而是为了促进其他人不断扩大的无限知识源泉的流动。十分有趣的是，作为信息流的推动者，管理着这个信息价值中心，我的知识相比于以前增长了许多，作为新经济专家的地位也得到了提升。

我的一位客户作为流程促进者取得了巨大的成功。他为消防行业创建了一个网络平台，这个平台每月用邮件发送两次关于行业时事的电子通信。该电子出版物的特色是链接到油管视频和其他有关消防行业趋势的互联网内容。每期的内容整理大约花费20分钟。他没有制作任何自己的内容，结果却是惊人的。他的网络中有数百名消防员，他们喜欢他精心策划的内容。我的这个客户受邀在行业活动中发表主题演讲，并销售了更多的消防设备，这一切都是因为他充当了流动促进者的角色。

要完全接受储存和流动之间的区别，就需要一种精神上的转变。在储存模式下，可能会进行大量的研究来增强我们对某个主题的认识；可能会利用这些知识向客户提供产品或服务；可能会写一篇博客或一本书。在理想情况下，我们会一遍又一遍地重复使用相同的知识。

在流动模式下，我们不储存知识。我们发现大量知识和资源，并将其传递给我们网络中的其他人。对此，时间十分关键。我们知道，在新经济时代，知识和资源的寿命很短，所以我们不会储存任何东西，而是把它们传递下去。我们可以通过向人们收取访问我们的流量费用来直接赚钱。我们可以利用我们的流量作为一种营销工具，为传统产品和服务吸引潜在客户，或者当价值创造者在我们的平台上购买价值套餐时，我们可以从他们那里赚取佣金。

博客作者或内容创建者可能想要改变他们的方法。想想创建内容所花费的时间和精力，这样的努力值得吗？也许我们作为内容渠道而不是内容创建者会获得更大的影响力。就我而言，我选择了中间的道路。我仍然会创作一些内容（比如这本书）并上传到平台，因为我喜欢这个过程，并充当流动促进者。

促进流动是一个新的价值集。它具有的超越性价值在于它解决了新经济时代中所固有的关键问题，其中一个问题就是信息过载。首先，作为独具慧眼的策展人，我们让观众更容易获得经过精心挑选的高质量内容。我们已经为他们进行了搜索和审查。其次，它解决了寿命问题。我们将新鲜、及时的信息交到他们手中。最后，它解决了我们的问题。如果我们是内容创作者，我们必须不断地满足客户要求，不断地写博客和制作视频，而作为一个流程促进者，我们利用其他人的努力，作为交换，会给予他们一些曝光度。

在我的《数字时代的战略营销》（*Strategic Marketing for the Digital Age*）一书中，我介绍了一种流量促进的类比。当时，对于大多数人来说，这个概念领先了很多年。我认为拥有火车站比拥有铁路要好。经营铁路是有风险的，火车必须保持满载乘客，更不用说所有的维护工作了。我认为最好拥有作为交通枢纽的火车站，会聚人、火车、地铁、公共汽车和汽车。这一工作的目的就是成为中央车站，促进交通的畅通。让其他人来经营铁路，我们要停止储存，促进流动。

策略十

破除信仰，直面现实

我15岁的时候读了乔治·奥威尔（George Orwell）写的《1984》，这是一本反乌托邦小说。在奥威尔的世界里，“老大哥”在市民家中安装监控，时刻盯着他们的一举一动。总有一些人利用欺人之谈和其他洗脑形式（今天称之为煤气灯效应），说服人们相信他们所说的任何事情，即使这些事情与他们前一天所相信的事情矛盾。事实上，欺人之谈的目的在于让人们无法从谎言中辨别真相，直至他们不愿再尝试寻找真相。在所有的预言小说中，如《美丽新世界》（*Brave New World*）和《使女的故事》（*The Handmaid's Tale*），作者的目的是帮助我们摆脱这种命运，并将其扼杀在萌芽阶段。

像《1984》这样的书可以令我们窥见可能的未来，当然，未来不会完全按照我们预测的方向发展。因为未来充满曲折，让我们难以预料。奥威尔认为“老大哥”会对我们进行洗脑，但事实并非如此。在新经济时代，我们借助算法对自己进行洗脑。我们通过创造另类的现实，在我们周围形成的数字泡沫，这个泡沫是由新闻来源、网络红人和分享自己版本“真相”的同路人构成的，来给自己洗脑。我们用个人构建的现实对自己进行洗脑，让自己相信这些荒诞至极的阴谋论。

虽然极端主义团伙和阴谋论在互联网上甚嚣尘上（这是很常见的现象），但我感兴趣的是，这些组织通常没有一个发动他们并组织追随者的领头人。显而易见，信仰泡沫源于一个单细胞信息，这个信息开始引起小部分人的注意，随着新的附属观点、概念或者依附于信息生物体的全新生物体的出现，这个小信息生物体不断成长。很快，随着一群人（或暴徒）为这个阴谋或这场运动的核心观点所吸引，信仰泡沫便进入超生长阶段。这个过程可以发生在几小时或几天内，无须任何人或团体策划。然而，话虽如此，机会主义者或挑衅者会竞相利用兴起的新信仰泡沫，这种现象非常普遍。

当信仰泡沫进入完全成熟阶段，它能拥有许多追随者，他们围绕其核心理念形成了自我意识和群体意识。这使得他们觉得自己很强大，没有被孤立，并引导他们寻找更深入的信息来增强信仰，尝试吸引更多人融入这个泡沫中，以证实他们的信仰。不久后，这就不再是阴谋论，而是“作为人，他们是谁”。这也是为什么信仰泡沫难以说服这样的人，因为他们的阴谋论是错误的，并且他们已经被洗脑了。而恰恰是他们自己给自己洗脑，所以难以打破信仰泡沫。他们对现实的看法与我们迥然不同，这也是新经济时代最大的问题之一。在这个社会中，当我们不再共享真相的基本组成部分时，当每个人都可以编造现实的版本时，我们该怎么做?

这也是为什么策略十是破除信仰，直面现实。我们需要采取激进的方式从根本上构建我们的现实感。否则，我们可能会被不以我们最佳利益为重的信仰泡沫吞噬。

当我决定从事新闻行业时，我幻想得很美好。在新闻学院面试时，我告诉老师我想写故事，这样人们就可以了解孰真孰假。我相信，现在依然相信，新闻工作是个崇高的职业，是民主的关键要素。这个老师欣赏我坚定的信念，并认可了我的想法。

但随着对新闻业的探索越加深入，我发现它不仅可以用来行善举，也可以做恶事。我了解到美国两大极具影响力的出版商——威廉·伦道夫·赫斯特（William Randolph Hearst）和亨利·卢斯（Henry Luce），他们利用新闻业操纵舆论，散播他们所认为的现实。例如，赫斯特利用与旧金山运输管理局的长期世仇煽动读者，增加发行量。有一次，他花钱让人从公共交通渡轮上跳下来，这样就可以在头版上刊登一则“事实”，那就是运输管理局不关心渡轮乘客的安全。我将这称为人为制造的愤怒。

亨利·卢斯是《时代》（*Time*）周刊的创始人，他掌握的媒体发表的许多故事都半真半假，或者完全捏造。他早在互联网出现之前就创造了一个信仰泡沫。

这两个出版商的经典例子增强了我对媒体操纵的认识。我们进行新闻培训最好的结果便是意识得到增强，因为这可以保护我们免遭媒体荼毒。现在我能够更好地消化媒体所传达的信息，同时也能辨别媒体供应商潜在的编造事实议程（但不要误会，我只是对媒体了解得更加深入，并不是完全了解。在大多数情况下，我确定自己已经被媒体洗脑了，因为被洗脑的一个特征就是你不知道自己被洗脑了）。

所以，为什么我们与之有关？因为意识到信仰操纵、信仰泡沫及其所带来的后果不是什么新现象，这点很重要。这种现象在有记录之前就存在，但就像很多事一样，这个问题在新经济时代中已经愈演愈烈。信仰如何表现以及我们如何处理它也变得不同。我们必须提高自身能力，以保持对现实合理有益的理解，来辨别真假。所以我们必须采取激进的手段。

现在我们来探讨一下深度假视频。现在制作假视频来展现某人从未说过或做过的事情，是十分容易的。有一段深度假视频，是关于理查德·尼克松（Richard Nixon）在美国总统办公室宣布阿波罗11号航天员在月球上遇难的死讯。当然，这件事并没有发生，但这个视频却足以令人相信。视频中由电脑生成的人物在外表和谈吐上都像尼克松。如果我们没有深入了解，恐怕也会信以为真，相信他是真的说了那些话，从而相信尼尔·阿姆斯特朗（Neil Armstrong）和巴兹·奥尔德林（Buzz Aldrin）死于月球上。

想象一下，如果有人居心叵测地制作一段深度假视频，视频是关于美国总统宣布在某国发射大量核导弹。不久后，这段视频就出现在脸书或推特（Twitter）上。它看起来很真实。那它是真的吗？我们应该如何回应？更重要的是，被打击的国家将会如何回应？通过仅有的几分钟来辨别视频的真实性，被打击的国家为了以防万一，是否会被迫反击？

如果在大选当日出现一段深度假视频，揭露候选人罪孽深重，行为放荡，又会怎样？它看起来很真实吗？它是真的吗？它会影响选票吗？

如果有人制作了一段关于我们的深度假视频呢？如果居心不良的演员收集我们的自拍来扭曲社交媒体历史，又该如何？如果由此产生的深度假视频发布到互联网上，并与众多人共享，我们又该如何证实这并不是我们呢？即使我们让整个世界相信视频中的人并不是我们，但这个污点可能也难以抹除（这种情况发生在很多女性身上，其前任伴侣利用了一种破坏性很强的深度假视频——深度假色情报复视频伤害了她们）。

我们的未来将会越来越难以辨别真伪。现实世界将不断受到我们在数字世界的体验影响，在数字世界里我们消费的许多东西都是假的。如果不当心，我们可能发现自己深陷于邪恶的信仰泡沫中（请记住，信仰泡沫的关键特征是我们并不认为自己陷入了信仰泡沫中）。

所以我们要破除信仰，直面现实，做信仰泡沫的无政府主义者，打破信仰泡沫。

首先，我们所有人都处于一个信仰泡沫中。它可能是由泰迪熊和饼干食谱构成，但它的确是个泡沫。请看着它，描述一下这个泡沫，你就能理解为什么自己一开始就会接受这个泡沫。它能给我们安全感吗？它能使我们感到快乐吗？它能激起我们强烈的情感吗？它会让我们生气吗？它会帮助我们，帮助这个世界吗？

其次，我们要确定泡沫结构。我们和谁有联系？我们阻碍了谁？我们现在使用的是什么媒体？它们内在的信仰体系是什么？它们支持和反对谁？它们可信吗？它们是善意的吗？这对它们有什么好处吗？它们试图帮助我们还是操纵我们？

在《人类进化》（*Becoming Human*）一书中，让·瓦尼尔（Jean Vanier）探讨了作为人类经历的一个组成部分——部落主义和群体动力的作用。瓦尼尔鼓励我们用极强的耐心和自我意识组建团体、社团和社群。他指出，社群的一种形式是由它排斥的人和物定义的，而另一种形式是基于共同的目标和信仰来定义的，但不把排他和身份作为其存在原因的核心。瓦尼尔倡导社群要连接和接纳其他社群，成为一个由许多网络构成的大网。

人类进化和保持人性将成为人机交互的核心实践。人类进化意味着尊重我们作为人类有更多的共同之处，而不是不同（请看策略二十九：人类优先）。这个观点有助于我们识别个人信仰泡沫中的轮廓和结构。我们可以看清我们是否在做一个“排他项目”（阻碍和挑衅），或者一个“包容项目”（联系和允许）。

通过破除信仰，直面现实，我们也能通过理解现实其实是被构建的，来构建清晰的现实感。例如，草是什么颜色的？绿色的吗？但草真的是绿色的吗？草之所以看起来是绿色的，实际上是由于草反射出绿色光波，从而在我们脑海中形成绿色。事实上，草不是绿色的，而是被我们在脑海中构建成绿色的。现实中的“绿色”只是一个适当的创造。我们实际上并不知道世界看起来是什么样的。草看起来是什么样的呢？我们并不知道，我们只能发挥自己的想象。

关于草和绿色的真实情况适用于万物。什么是汽车呢？这是一个将我们从A地带到B地的交通工具。但汽车是由什么构成的呢？是汽车轮胎吗？是汽车方向盘吗？是汽车引擎吗？都不是。汽车是由这些零件一起构成的。没有任何东西可以描述这辆车的内在本质。诸如此类，汽车实际上是我们在脑海中构建的一个概念。

所以不管愿意与否，我们都是在脑海中构建现实。它不是外在的东西，而是内在的东西。它是由我们所关注的、我们所思考的以及我们所交往的人形成的。我在新闻学院所学到的另一件事是，不论是新媒体还是旧媒体，都不会直接告诉我们该思考什么，但它似乎又暗地里告诉我们该思考什么。这也是为什么我们要当心输入脑海里的东西。

我们也可以建立一个巨大的商业信仰泡沫。在旧经济行业中，我们可以将自己置身于这样一群人中，他们说同样的话，做同样的事，相信同样的东西。在某种程度上，这种感觉很好，但本质上是令人窒息的。新工厂的思想家们并不认为自己属于任何一个特定的行业。他们甚至不认可行业这个概念。他们认为行业这个概念只是一种社会结构。大家普遍认同将一种特定的行事方式称为行业。但是，把事情联系在一起的也可能是监狱，它会阻止我们留意或追求更大的机会。

一般来讲，我们寻求信仰泡沫的庇护，因为人是脆弱的，而生活和商业是多变的。如今，我们生活在一个亘古未有的时代。不断变化的文本、帖子和视频四处涌来，冲击着我们的心灵，我们深受24小时危机主题新闻和数以亿计电子声音的轰炸。我们生活在一个嘈杂的旋涡当中，愤怒是我们的共通之处。

在这种情况下，人们倾向于寻找确定性，这是一个强有力的支柱。在《民主的暮光》（*Twilight of Democracy*）一书中，安妮·阿普尔鲍姆（Anne Applebaum）解释了在互联网的推动下，许多人追寻有力量的领导者，这些领导者将会打破狂热，给予人们稳定感，并为其指明方向。但阿普尔鲍姆担心，这种倾向可能会导致民主的消亡。

这也是我们为什么要抵制信仰泡沫的诱惑。我们谋求激进的现实，在这里我们构建自己的现实，并识破假象。同时我们也要看淡现实，当我们变得越来越明智和成熟时，我们可能会调整和重塑现实。

坦白说，许多我们这样的人害怕目睹现实。在新冠肺炎病毒肆虐期间，许多人不愿承认病毒是真实存在的，也不认为戴口罩和保持社交距离是不错的想法，所以他们在周围建立了信仰泡沫。不幸的是，他们当中许多人失去了生命，还连累了许多无辜的人。

所以这种风险很高，信仰泡沫可以致命，可能会把整个世界拖入深渊。反过来说，它也可以让我们保持清醒，直面现实，创造更美好的明天。

策略十一

驯化算法

塞壬（Siren）工业公司的执行团队对公司的首席人工智能洛基（LOKI）神秘的建议感到困惑。它指示总部的工作人员在周五要穿黄色的衣服。员工们认为这个主意很奇怪，但是执行团队已经学会听从洛基的建议，因为它之前的几次建议都是对的。它准确地预测了公司的神经网络将会在情人节那天受到损害；他建议进军纳米石墨市场也是非常正确的。

但为什么在周五穿黄色的衣服呢？这似乎很奇怪。尽管该团队很困惑，但还是会与洛基合作。洛基是一种机器学习算法，拥有首席高管的全部权力，公司执行团队也乐在其中。员工在周五穿黄色衣服帮助该公司赢得了历史上最大的客户。

在新经济时代，算法将预测、指导甚至控制我们生活的方方面面。在人机交互中，算法将掌握决定权。它们将告诉我们该做什么、该买什么、该想什么甚至该去爱谁。

事实上，算法时代已经到来。你最近在亚马逊上买东西了吗？算法是隐藏的销售人员，引导你买这种产品而非另一种。你申请了贷款吗？算法决定你是否能够获得贷款。你申请了工作吗？算法决定你能否得到这份工作。

为了在新经济时代中蓬勃发展，我们需要了解算法，了解如何使用它们，如何与它们交流。同时我们不得不控制它们，我们需要驯化算法。

算法是什么？算法是一组用来执行特定功能的指令。它可以执行相当简单的功能，如乘法运算，或者执行极其复杂的功能，如空中交通管控。

算法充当预测机器和自动决策者。它们审查一系列数据，并预测将来会发生什么。这些预测有助于人类操作员或算法本身做出决策。当算法在机器学习平台运行时，人类经常无法破解算法是如何做出预测或决策的。当这种情况发生，算法就会变成一个“黑箱”。

当算法变成一个黑箱，人类经常会放弃对事务的控制权。例如，在西方国家法院会利用算法来决定保释资格和量刑的时间长短。被告人的信息将会录入算法中，接着与大量历史数据进行交叉引用，然后算法可以预测此人是否可能会在保释中逃走或再次犯罪，接着法官使用算法的“预测”功能做出最后决定。在大多数情况下，算法的预测功能十分强大，所以法官会听从其建议。说实话，机器人做这份工作会相对简单一点。我们干吗要仔细研究数据，运用自己的推理能力或直觉呢？让算法来做这件事情，我们就可以早点去吃午饭了。

遵从算法可能是危险的、不公平的和非人性化的，因为算法趋向于从它们收集的数据中吸收内在的文化偏见。例如，在有种族歧视的社会，有色人种更难从算法中获得抵押贷款，因为历来如此，机器学习算法仅仅是采用文化中的系统种族主义和内在偏见。当它变成一个黑盒（我们不知道算法如何操作时），我们只能接受机器人的预测或决定，从而让一个种族主义机器来决定发生了什么。所以，这需要采用不同的方式进行人机交互，我们需要利用人类道德框架的“超能量”来设计和控制其功能和后果。

算法也渴望机器。它们能找出我们喜欢的东西，然后推荐更多值得我们喜欢的东西。随着算法越来越了解我们，这也意味着它会推荐更多我们喜欢的东西。这听起来不错，却是个滑坡谬误，我们称其为人体蜈蚣难题。这个难题的名字源于我认为有史以来最为邪恶的电影，这部犯罪电影名叫《人体蜈蚣》（*The Human Centipede*）。我不会陷入电影情节中（我不想做噩梦），但我会利用这部粗制滥造之作作为支撑算法的强有力观点。

在某个下雨的下午，我坐在电视机前，麻木地切换网飞（Netflix）页面，这时我发现一个有趣的模式（我在使用具体化模式识别的"超能力"）。我注意到网飞"更像"算法，总是引导我去看《人体蜈蚣》。我一开始会看有益身心健康的电影，如《欢乐满人间》（*Mary Poppins*），而后网飞便会给我推荐像《至暗时刻》（*The Darkest Hour*）这样的电影，然后是《杀戮部队》（*The Kill Team*）。经过几番操作后，我就调到了《人体蜈蚣》的界面。我发现像《欢乐满人间》这样令人愉悦的家庭电影和《人体蜈蚣》这样血肉横飞的电影之间的差距并不明显。从本质上说，算法会认为如果我喜欢《欢乐满人间》，那我也一定会喜欢《人体蜈蚣》。

但这些情况还不是最糟糕的。当我在网飞的地狱中心满意足地观看《人体蜈蚣》时，算法并不会给我机会回看《欢乐满人间》。换句话说，如果我们的起点在天堂，那网飞就会将我们带入地狱；但当我们到达地狱时，网飞就不会让我们重返天堂。

如果不是这个故事的寓意令人惴惴不安，那么这个故事可能是个有趣的奇闻。我开始思考，或许算法是设计用来满足我们越来越多的欲望，最终将我们带到灵魂的黑暗之地。

算法可促进社交媒体的发展。当它们了解到我们喜欢什么，就会提供更多我们喜欢的东西。它们帮助我们形成信仰泡沫，接着发布我们喜欢的帖子和言论以及不讨喜的帖子和言论，给予我们一种看似愉悦的自以为是感。通过给予我们所喜欢的东西，它们让我们更加厌恶自己讨厌的东西。这可能导致仇恨和人性泯灭。我猜想，当今社会公民话语权的削弱主要是由算法引起的。

当我意识到算法能够控制流媒体服务，如网飞和许多我使用过的平台，可能将人类变成畸形的人体蜈蚣时，我觉得自己有能力为此做些贡献。当然，我不能改变网飞或脸书，但我可以调整与它们之间的关系。我能清晰地感到，我的内心一直执着于算法推荐，它是一个引人的诱饵，萦绕在我的鼻尖，时刻引诱我上钩。然后，我可以决定是否坠入《人体蜈蚣》的炼狱，或者与《欢乐满人间》一起畅游。

重要的是要认识到，机器人不只是在执行功能，它们也在改变我们。想一想智能手机是如何改变我们、如何改变我们的家庭动力结构、如何改变我们对世界的看法的。

作为人类，算法也正在改变我们。但不像智能手机，它们是无形的。它们在幕后秘密工作，为我们创造一个乌托邦世界，但可能是与恶魔为伍。

当我们让算法操控这个世界时，它们也会控制我们。现在，我用人工智能助手来监测我的健康，它告诫我每天要多做运动。这很好，对吧？但不久后，人工智能助手可能会开始建议我做其他事情。比如，现在上床睡觉，现在起床，刷牙，吃早餐，不要吃培根，打电话给我的姐妹，去工作，等等。

这一整天，算法通过人工智能助手会给我们很多“建议”，这些建议也非常实用，让我们继续步入正轨，让我们变得更健康、更强壮、更有用。但最终我们可能会发现这并不是过日子，只是过着机器所设定的理想生活这可能让我们变成了机器。我们想变成机器吗？

这些问题在商业中也存在。我们想让算法控制我们的公司吗？我们能保留多少代理权？又能让出多少控制权给算法呢？洛基建议在周五这天穿黄色的衣服，我们要听从这个建议还是我们寻找更多的信息呢？当然，我们会问：“为什么你让我们穿黄色的衣服？”要是洛基说“这太复杂了，你们不会理解”，我们还要穿黄色的衣服吗？如果算法变成了黑盒，又会发生什么呢？

英国最大的线上生鲜杂货零售商奥卡多（Ocado）使用黑箱算法运营其自动杂货分类仓库。它每天将200万件杂货进行分类，并用7000辆卡车装载，其工作量超过45家同等规模的杂货店。机器学习系统不断优化算法采购、分类和分发杂货的方式。此系统的复杂性远远超出了人类的理解范围，却在算法的完全掌控之中。这就是公司的未来吗？

公司为算法所掌控，这天或许就会到来。如果洛基决定进行恶意收购会怎样？人类会胜出吗？不太可能。如果一个政党是由算法领导的，将会怎样？它可以计算出人们想要什么，并向他们做出承诺吗？如果算法变成总统或首相又会怎样？

电影《巨人：福宾计划》（*Colossus: The Forbin Project*）描绘了世事动荡。讲述了一种叫巨人的先进防御系统，控制着世界上的核武库，然后开始命令周围的人。我在1970年看了这部电影，但我并不认为它讲述的事情令人难以置信。如今，类似的情节似乎非常可能发生，因为人类倾向于赋予科技更多权力。

为了在新经济时代蓬勃发展，我们需要驯化算法，从目前所接触到的算法开始。请注意，在线客服会推荐一些我们喜欢的东西，并询问是否如此。请想想追求“喜好链”是否符合我们最大的利益，并使用实体模式识别来检测我们受算法诱惑时的真实感受。

在社群中，我们要了解政府部门、学校和法院正在使用什么算法。我们要知道算法如何影响社群。它们有用吗？它们公平吗？它们会做出人类所做的决定吗？公民知道算法如何操作吗？他们有权改变算法吗？

在商业中，我们可以根据所使用的算法做出明智的决定。但我们如何将人类的超能力与强大的算法工具结合起来？我们如何使用算法提出新创意？我们如何创造出符合我们理想与道德的算法？我们如何确保公司不会由我们无法控制的黑盒所操控？

如果使用得当，算法就会成为强有力的工具。在周五那个上午，塞壬公司总部迎来了一个巨大的契机：木星空间站要寻找一家生产石墨烯的公司，有10家公司参与竞争而负责寻找合作对象的团队偏爱员工穿黄色衣服上班的公司。于是，洛基要求那天每个人都穿黄色的衣服上班，正是投其所好。当看见塞壬公司每个人都穿着黄色衣服上班时，便被其“收买”了，并与塞壬公司签了合同。从那时起，每当洛基提出建议，无论是什么建议，甚至是最离奇或神秘的事情，塞壬公司也会立即付诸行动。人们说："洛基总是对的，我们就按它说的做吧。"

策略十二

打破界限，勇往直前

尤瓦尔·诺亚·赫拉利（Yuval Noah Harari）在其巨著《人类简史》（*Sapiens*）一书中写道，4万年前，由于一场“认知”革命，智人作为星球上的主要物种，开始占据主导地位。在进化的那一刻，我们的大脑开发了更高级的认知功能，使我们能够创造和共同分享虚构之事、神话和想法。然后基于共同的身份，我们利用共同的想法建立一个庞大的部落。

例如，“神”的概念可能会突然使成千上万人凝聚在共同的信仰之中。然后，这个大群体可以团结起来对抗认知水平较低的高级物种，比如聚居在小部落的尼安德特人。因此，我们能够在共同的理念下团结成一个大群体——仅存在我们脑海中的虚构之事——促使我们消灭竞争对手，并建立我们今天的文明。

我们所共享的幻想之物有很多。金钱就是其中之一。我们一致认为美元有其价值，所以我们愿意交换它。实际上，一张纸币没有任何内在价值，我们不能食用，也不能用作别处。但因为社会上的所有人都认为美元有价值，也就是我们赋予了其价值，所以美元就有了价值。正如我之前所说，这些共享的虚幻之物也被称为社会建构。

社会建构十分有用。它们赋予社会以凝聚力，让我们能一起工作。但它们也能影响我们的发展潜力，阻碍我们超越那些不再有用的限制性概念。

界线也是一种社会建构，但它渐渐没那么有用了，甚至会对新经济时代产生危害。

上小学的时候，我有一位地理老师，他坚持让我们学习世界上每个国家的名字。他给了我们一张空白的非洲地图，作为测试，他让我们写下非洲国家的名字。我写出了贝专纳兰（Bechuanaland）这个名字，但它最终改名为博茨瓦纳（Botswana）。我也很喜欢有关写出美国各州名称的测试。哪个是阿肯色州（Arkansas）呢？

地理界线有助于社会建构，因为它们允许我们自己组建国家、省和城市。善治有赖于对边界的共同信仰，但众所周知，盲目的民族主义和本土主义会导致无休止的战争和破坏。20世纪证明了界线作为共同幻想之物的缺点。

值得注意的是，地理界线通常是任意的。世界上的每种界线都是人为划线而制定的。1919年在凡尔赛宫举行的1919年巴黎和会上，第一次世界大战的胜利者用人为的界线分割了整个世界，甚至割裂了一些少数民族部落。人们深受这些武断决定的影响。

在新经济时代，各种界线都被视为集体虚幻之物，并需要重新评估其用途。在网络经济中，民族界线的概念已经日趋模糊。数字价值现在以光速从一个国家流向下一个国家，不会因为海关的原因而减速。自由职业者可使用零工经济平台；咨询师可以通过Zoom（多人手机云视频会议软件）与来自世界各地的客户合作，并通过贝宝（PayPal）收取费用；软件即服务（SaaS）供应商可以从世界任何一个地方进入全球市场。

随着网络在经济中发挥更大的作用，全球国内生产总值（GDP）中越来越大的比例将来自无形价值的交换，它主要以数字形式呈现（即以数字形式提供在线Zoom咨询）。这种无形价值将跨越国界，仿佛它们并不存在。

如今，即使我们都有能力建立全球业务，这种业务可以通过网络提供无形价值，但我们大多数人仍然将自己禁锢于传统界线之后。我们认为，我们是一家加拿大公司，我们在加拿大工作；我们是一家加纳公司，我们在加纳工作；我们可能会在边境上做生意（进/出口），但旧工厂思维依然指引我们按地理学的观点思考；我们相信在一定的地理界线内，“真正”地销售有形商品或有形服务。

这种信仰具有局限性，因为我们无法确保商业能够跨越传统的界线。我在金融服务领域有一些客户，他们历来只服务于当地群体，并抱怨当地市场没有充足的潜在客户。我建议他们创建数字版本的业务，这种业务可以向世界各地的客户提供，他们却无法理解。他们的思维被地理和边界束缚，他们无法超越这种束缚。

新工厂思想家超越国界。当他们思及自己企业的未来时，社会建构就像国家、州和城镇一样不会阻碍他们，他们尽可能想得长远。

但这并不意味着他们不在乎自己的国家和本地群体。他们致力于发展当地经济，但他们知道最好的方式便是从世界各地引进资金。

近几年，社会和文化观察者开始将人划分为两大群体：本土主义者和全球主义者。本土主义者植根于当地和国家地理身份。他们来自“某个地方”。全球主义者是指一群不一定以地理身份为基准的人，他们对于可能发生的事情更具全球化的视野。

明智的做法是平衡这两大群体：既做本土主义者又做全球主义者。立足于我们当地的社群和市场，同时采取全球主义者的心态，这样我们的市场就可以遍及各处。我们可以说："我们可在本土和全球范围内思考和行动。"

随着虚拟现实和增强现实成为主流，界线问题变得越来越模糊。最近，我掌握了一种叫Oculus Quest的虚拟现实（VR）系统。这种虚拟现实系统是完全沉浸式的，能把我带到另一个世界。我可以访问另一个星球或另一个空间维度，所以我对此感到非常震撼。我可以飞速穿过太阳系去访问木星，或者去大堡礁潜水；我可以身处于沉浸式动画中，或者与人工智能机器人打桌球。不同于普通的平板视频游戏，这些经历能让大脑相信我们确实可以去某些地方。随着虚拟现实逼真性的增强——它已经极其逼真了——现实世界和虚拟世界的界线难以厘清，我们将不断在这两个领域之间活动，进一步消除旧经济界线的社会建构。

然而，界线不仅是地理位置上的问题，我们的旧经济思维中包含许多无用的界线。我们属于特定行业的想法就像边防警卫巡查我们的思维。我们可能会认为自己是建筑业、体育业以及娱乐业的一部分，在某方面，我们的确是。我们将社会建构称为“行业”，但在全球网络经济中，我们属于某个行业的想法一无是处。这种想法无用的原因在于它限制了可能性。我们可能会想，“这是建筑行业的公司做的”，“这不是建筑行业的公司做的”。

我们接受行业这个概念而不去质疑它甚至承认它只是个社会建构，我们从可能向客户提供的其他价值中分离出来。想象一下，如果苹果公司坚持认为自己属于计算机行业，如果亚马逊公司也坚信自己属于图书行业，那么会发生什么？如果是这样的话，这两家公司都不会成为如今的巨头。苹果和亚马逊之所以成功，在于他们超越了传统行业的界线，勇往直前。

事实上，客户并不在意我们属于什么行业，他们只是想让我们提供有价值的东西。行业往往会成为以行业利益为先而不是以客户利益为先的机构，通过划定任意的界线规定它们能做和不能做的事情，它们显然无法解决其客户所面临的重大的和新出现的问题。如果它们看清了那些问题，它们会认为那些问题超出了所在行业的界线。

任意的界线也会阻碍我们从事自己的业务。旧工厂思维告诉我们，有些事情我们会做，而有些事情我们不会做。我们坚持认为自己应专注于单一产品或服务类别，这样我们便不会超越自己设定的界线，也不会向客户提供更多价值。

我们还可以划定关于如何赚钱的心理界线。如果我们售卖高尔夫球，我们理所当然地认为靠高尔夫球可以赚钱。我们不会想到靠卖沙滩球或篮球赚钱。不，我们靠高尔夫球赚钱。

但新工厂思想家则会消除关于如何赚钱的心理界线，他们乐于靠高尔夫球、沙滩球和篮球赚钱。当他们将所有钱存入银行时，卖高尔夫球赚的钱看起来像卖沙滩球赚的钱，也像卖篮球赚的钱。不止于此！超越界线的方式便是释放人类无限好奇心的超能力。

好奇心带领我们超越现存的心理界线，进入经验和机会的新领域。正如我们在策略五：有的放矢中讨论的，成功的新工厂思想家明白提出问题比得到所有问题的答案更为重要。

当我们向自己或他人提出一些稀奇的问题时，我们会学到一些新奇的东西，创造激动人心的机会和新事物。在《鉴古知今》（*How We Got to Now*）一书中，史蒂文·约翰逊（Steven Johnson）描述了钟表、眼镜、冰箱和氯化饮用水等商品的创造史。约翰逊表明，无处不在的好奇心会引发一连串偶然的创新，这些创新在最初的发明行为中是无法预见的。例如，他展示了古腾堡印刷机的发明是如何使许多人清楚地看到他们没有正常的裸眼视力（他们第一次尝试读一本书）。这促使了眼镜的发明，又反过来促进显微镜和望远镜的出现。显微镜又推动了细菌理论的发展，从而产生了疫苗和抗生素。望远镜带动了日心说，并最终带领我们登上月球。我们不受束缚的好奇心不断冲破界线。

今日瞬息万变的市场要求公司和个人不断创造新的价值，这只能通过突破自我设定的界线来实现。

在流水线经济中，好奇心并不值得提倡。我们得到了一项任务，并被告知要集中精力去完成。不要抬头，不要低头，也不要四处张望，别好奇，只需做好这份工作。但在网络经济中，我们不得不抬头、低头以及四处张望，我们需要了解网络中正在发生的事情。在网络中，我们必须对人和机器产生兴趣，否则网络会对我们失去兴趣。在新经济时代，没有例外。

在20世纪90年代，我参加了多伦多格式塔学会举行的研讨会。我学到了一个格式塔心理学概念——生长边缘。它代表我们个人发展的下一个挑战点，比如应对童年创伤或克服相信自己的恐惧。生长边缘代表了我们的舒适区和外面看似危险与可怕的领域之间的界线。

可悲的是，许多人在生活中达到了一定的生长边缘，却并未突破它。他们可能无法应对童年创伤，或者学会相信自己。他们囿于生长边缘的一边。

这也可能发生在公司和职业生涯中。我们到达了一定的点，便不想更进一步。在旧经济时代，这种策略可能会奏效，因为市场变化缓慢，我们并不一定游走于生长边缘，我们仍然可以经营着有利可图的生意。但在新经济时代，这是行不通的，市场对我们过去所做的事并不感兴趣，它想知道将来我们会提供什么新的价值。为了创造新的价值，我们不得不跨越生长边缘和界线。

所以请保持好奇心。请开始问“无限的问题”。这些开放式的问题为无限深入的问题打开了大门。像这样的问题：我们真正想要帮助谁？我们如何能发展更广阔的关系网络？我们需要提供什么样的自由价值以促进我们的网络发展？我们能为理想的客户创造什么样的新价值？他们有什么无法解决的问题？我们能帮助他们实现怎样远大的目标？我们如何才能超越并与竞争对手合作？我们能为客户创造什么新想法、整合什么新资源、传递什么新技术？我们能做什么新事情？

每个大问题都植根于这些核心问题：我们应该消除和超

越什么界线？我们需要消除哪些个人的心理界限？我们公司的文化界线是什么？我们的行业界线是什么？我们还需要跨越什么人文、社会和政治界限？

界线的定义是有限的，而消除界线的范围是无限的。为了在新经济时代创造无限可能，我们必须打破界限，勇往直前。

大处着眼，小处着手

品牌忠诚度可从早期开始培养。在我8岁的时候，我就对两款产品产生了忠诚度。这两款产品本身就很不错，当两者结合，效果更是异常惊人，至少对8岁的我来说是这样。

我特别开心的便是可以一边喝着冰镇的可口可乐（绿玻璃瓶装的），一边贪婪地咀嚼着如福司（Ruffles）薯片。我特别喜欢可口可乐，不接受任何替代品。假如我在餐馆里点了一杯可口可乐之后，一名迟钝的服务员却拿着百事可乐或其他类型的可乐给我，我会十分恼怒。在我看来，可口可乐是可乐之神，其他品牌都是凡品。

鉴于我对可口可乐根深蒂固的喜爱，想象一下，当该公司于1985年4月冲动地推出令人讨厌的新可口可乐（New Coke）时，我是如何怒不可遏。什么？新可口可乐？你在开玩笑吗？不停地更新可口可乐就像用新大卫替代米开朗基罗的大卫，或用新埃菲尔铁塔替代埃菲尔铁塔，这是一种亵渎。

面对全球抵制——我不是唯一一个感到受到背叛的人——可口可乐改弦易辙，推出了经典可乐（Coke Classic）。

在旧经济时代，新可口可乐的推出被视为历史上最大的营销失误，但是从新经济的角度看，却截然不同——这是一种出色的营销策略。让我来解释一下。

在旧经济时代，一项新产品或新服务的开发通常需要付出漫长、艰巨且承担巨大风险的努力。遵循线性过程，我们从市场调查开始，以探索客户可能想要的新事物。我们推断，相较于红色龙虾，客户实际上更喜欢蓝色龙虾。所以我们弄清楚了如何养殖蓝色龙虾，并建立一个大型的蓝色龙虾养殖场。然后我们买了大量的广告，进行了一场引人注目的宣传。直到那时，我们才发现蓝色龙虾并不是那么受欢迎。接着另一家公司推出了紫色龙虾，事实证明它更受欢迎。所以，经过多年的产品开发，我们了解到蓝色龙虾的点子毫无用处，还导致我们和整个产品开发团队被解雇。

这种经常失败的产品开发周期告诉我们进行创新时，必须格外小心。大创意总是充满风险，可能会导致可怕的个人后果。这种远见教会我们要从小处着眼。我们学会了——不要孤注一掷，待在我们的安全区域内。如果我们提出了一个创意，确保它是渐进的或衍生的，那么，坦白说，我们最好还是闭上嘴，低调行事，不要捣乱。

但从小处着眼并不是旧经济时代教给我们的唯一东西。它也教会我们从大处着手。所以，如果我们决定采用蓝色龙虾的点子，就要对此投入巨资，并全力以赴。我们建立了大型蓝色龙虾养殖场，并增添了工作人员，因为我们预计蓝色龙虾推出后必然会引发巨大的需求。因为失败不是选择项，我们在脑海中幻想着巨大的成功和增加两倍甚至三倍的投资。接着我们孤注一掷，有时我们赢了，但我们经常输。这就像把所有的筹码放在轮盘赌上，如果我们赢了，那么赢面很大，但大多数时候我们输了。

这种创造价值的旧经济过程也告诉我们要以明确的方式思考。我们的新创意要么取得巨大的成功，要么遭受惨痛的失败。如果它成功了，我们就是英雄；如果不行，我们就是失败者，没有其他的结果。

这些观念给创新和创业精神泼了盆冷水。新创意被认为是有风险的，而有大创意的人是危险的。贬低新创意比支持它更为容易，请勿将消极伪装成智慧。

这并不是说旧经济时代缺乏创新。远非如此，但本可以有更多创新。我在工作中经常体验到旧经济时代的弊病。当某人提出一个大创意——有时是一个具有巨大潜力的惊人创意——反对者会立刻提出关于为什么这个创意永远不会成功的异议。“这是行不通的。我们不知道该怎么做。我们现在很忙，所以我们应该专注于已经在做的事情。”

这些理由多到我数不过来。

在这个沉闷的旧经济时代，我们可从小处着眼来谋求存甚至取得成功。市场并不总是需要新事物。40年来，我们可以生产出同款的暇步士（Hush Puppies）皮鞋，并不停地寻找现成的市场。

但在今天这个高速发展的市场，我们必须不断创造新的价值。产品的寿命已经从几年缩短到几个月甚至几天。对此的生存方法就是运用策略十三：大处着眼，小处着手，不断创新。

第一个阶段是大处着眼。想象一下最可能的结果，然后把它变得更大。请想想超越界线和现存的市场，描绘出一幅横跨全球的企业图景。它也许会在火星上运行，它也许会开采小行星带。不要光想着十亿美元的生意，想想一万亿美元的生意吧。

很可能在这个阶段，我们的旧工厂思维模式会说：“一万亿美元的生意？我不想要一万亿美元的生意。我没有那么贪心。我愿意接受一百万美元的生意。”

请注意，现在不是停止想象的时候，这些大图景会让我们兴奋，请允许我们从大处着眼，更大的参考范围可能会让我们看见一些美妙的、意想不到的东西。

在当今的互联经济中，我们有潜力以低廉的成本快速地创造惊人的事物。我参加了一个叫作“如何在5小时内创建虚拟业务”的网络研讨会。在会上，我解释了如何使用互联网上现成的廉价工具，我在5小时内利用在线服务创建了业务（可能是一万亿美元的业务），这个业务每月的总成本不到100美元。这正是源于我一直宣扬的原则，即新经济时代能以非常低廉的启动成本创建巨大的企业。

这就引出了第二阶段——小处着手——这就是它变得有趣的地方。旧工厂思维模式告诉我们在提出大创意之前，需要让一切都变得完美，要让产品、网站、应用程序和团队都变得完美。

但什么时候才是完美的呢？为了让一切变得完美，我们需要等待很长时间。坦白说，我认为这种态度只是一种拖延的借口，也是许多人放弃他们的创意并回到舒适区的原因，他们本身并不完美，很普通而已。

这也是为什么从小处着手是个好主意。我们可以在朋友或伙伴身上验证这个想法，看看他是如何反应的，我们又能从中学到什么。然后在第二个人身上尝试一个更美好的故事，我们能从中学到东西。接着继续在一个人身上测试，不断持续这个测试过程，我们就能不断完善和拓展从小处着手这个概念。

1998年，我有个庞大的愿景，就是开展“大创意冒险计划”：我想让1000家公司循序渐进地完成这个创新包装过程。虽然我还没有思路该如何着手，但我会从小处着手。我先和客户马尔科姆进行了两小时的会谈，接着在附近的花店，我与阿罗尔德进行了第二场会谈，最后我与花店的办公室顾问玛丽进行了第三场会谈。我决定弄清楚这个大创意的开展过程，并愿意和任何人一起尝试。

每当我开展关于大创意的会谈，我学到的东西就会奏效，其他没学过的东西就没有。直到成员达到50人，我通过反复实验开发出了一个成熟的程序。如今，世界上5000多家公司已经完成了这个创新包装过程，这个过程从第一天我和马尔科姆合作时就低调地开始了。

这其中的关键在于立即提出一个好主意，然后不要等待，不要虚度时光，不要沉思，马上开始行动。请找一个合适的人尝试你的创意，看看什么可行，什么不可行；然后创建下一个版本并进行尝试；接着继续尝试。如果某些东西有用，就留着它；如果有些东西不起作用，就把它去掉。

20世纪90年代，我在柯达公司（Kodak）工作。我出版了许多出版物，包括电影行业的杂志。有一天，我去柯达工厂研究关于该公司如何生产电影胶片的商业现状，令我非常震撼。在漆黑的实验室里，实验室技术人员通过精炼化学成分来生产胶卷，并总是致力于让生产过程变得更加完善。结果，一个多世纪以来，他们一直在不断改进胶卷的化学成分。“它已达到99.97%的完美度”，一位技术人员告诉我，“我想让它变得更完美。”

那段经历教会了我一些重要的事情：纵使过程几近完美，但它总是可以变得更好。这不是个非黑即白的问题。不管它行不行，这项工作总在或一直在进行中。

在这个机器人时代，我们期望一切事情都有序进行，期望每天都有新气象、新动力及新机会让事情变得更好。这就是我们这个时代如此振奋人心的原因。如果我们保持开放的心态，接受人机交互，我们将会见证大创意如何变得越来越完善。

从小处着手意味着从现在开始，从现在开始意味着坦然接受失败。这不是我们所习惯的，失败曾被视作是一件消极的事情。在新经济时代，它必须是积极的。如果我们从小处着手，这就更容易做到，因为我们的失败将会是小的失败，而小的失败则更容易学到东西，也更容易解决。我们经常推出新产品，也经常失败，所以总是能够学到东西。

采用新经济策略需要坚韧和忍耐。我们周围都是一群不会赞同我们创意的旧经济思想家。他们可能在积极削弱我们的努力。

在我30多岁的时候，我有个愿望，就是在多伦多市东北部我拥有的土地上建造一片森林。我预见我的孩子们（他们那时候蹒跚学步）在森林中奔跑，在欢声笑语中追逐着幻象中的森林巨魔和妖精。

带着这个迷人的梦想，我在这片土地上种植了千万棵小树：枫树、雪松、云杉和松树。当我将种植成果向朋友展示时，他们中许多人都在嘲笑我的森林愿望。“那将要花费几十年的时间，”他们说，“我的意思是，看看这些幼小的秧苗。一片森林？继续做梦吧。”

我继续做着我梦想中的事。我照看着所种的植物，为它们修剪嫩芽，替换那些无法撑过几个冬日的树苗。有时我会失去信心。我想知道有朝一日能否看到森林。

但到了第6年，树木茁壮成长，有些树已有3米高，它们渐渐长成了一片森林。那个夏天，我与孩子们在森林中奔跑，他们玩得喜笑颜开。我的梦想实现了。

所以，梦想有如一片森林，创意如同大森林中的高树。你置身于其中，播种，浇水，培育它们，看着它们逐渐长大。

这让我想到了新可口可乐。它一直是一个重大的营销错误吗？这是公认的。但这个想法是精彩的。

当可口可乐公司推出了新可口可乐时，可口可乐的粉丝疯了，开始公开抵制。因此，该公司将原来的配方用来制作经典可乐。忠实的可口可乐粉丝们对此欢呼不已，他们冲出去买经典可乐，很高兴他们最喜爱的饮料再次出售。令人感动的是，可口可乐的客户甚至对这个品牌更加喜爱了。

从新经济战略的角度来看——大处着眼，小处着手——可口可乐的事例证明，即使在第一次迭代中失败，尝试一些新东西也是有益的。只要我们在失败中学到东西，然后进行创新，这些尝试就是很有用的。只要我们愿意改变，最终总会找到制胜之道。

这就需要我们从大处着眼，从小处着手。想象一下这个最大、最惊人的最终结果，然后与客户和机器人合作开发这种新创意的每个版本并不断迭代。将与机器人一起开发新的工具和软件包展示给客户，从中获得反馈，然后再开发下一个版本。我们认为这个过程是无限的。

从大处着眼，小处着手对肯定我们的想法是有用的。当我们向客户提出大创意时，不要考虑它们的局限性而要专注于创造新价值来帮助他们。这种想法将会大放异彩。

策略十四

改革创新

在斯坦利·库布里克（Stanley Kubrick）所拍摄的电影《2001：太空漫游》（*2001: A Space Odyssey*）中，其开场部分展示了其中一只食人猿从黑色巨石中获得了神秘的认知洞察力，它意识到可用动物的颚骨作为工具，特别是作为杀死其他食人猿的武器。在一个名场面中，作为“月球观察者”的食人猿在打败竞争对手后，以胜利的姿态向空中抛了一块骨头，然后这块骨头变成了一艘宇宙飞船。库布里克要传达的信息是，智人利用工具——从简单的骨骼武器到先进的宇宙飞船，在地球上占据了主导地位。

库布里克还指出了电影中两个有趣的地方，一个是，哈尔9000（HAL 9000）是一台人工智能计算机，它决定负责飞往木星的太空航行，因为它不信任飞机上的人类能够完成这项任务。哈尔是由人类创造的工具，却被用来攻击它的创造者。另一个是，在影片的结尾，该项任务的指挥官大卫·鲍曼（David Bowman）转变为一种高级的新型人类，这代表了人类进化的进一步发展。

这部史诗级别的电影我已经看了几十遍，它对培养我对科幻小说的终身兴趣以及对人机交互的喜爱都具有教育意义。但最大的问题是：我们创造工具，我们是它们的主人，还是它们成了我们的主人？作为工具制造者，我们是控制了新工具在未来的使用，还是它们违背了我们的意愿，将我们引入未知的方向？

虽然这个难题没有明确的答案，但深入研究工具及其使用效果对我们是非常有帮助的。否则，我们可能会发现自己像大卫·鲍曼一般请求哈尔“打开救生舱门”。

旧经济是工具的经济。几千年以来，人类发明的工具为我们提供新的和更好的方式去完成工作和生活中的一些事情。我很庆幸祖先们发明了轮子、刀叉、碗、锤子、铲子和手表，数不胜数的工具让我们的生活变得更加便利。

在工业革命期间，新工具的数量巨幅增长。我们使用流水线大量生产汽车和飞机，建造摩天大楼，赚更多钱维持生计。这也释放了巨大的经济能源和活力，工具制造商也因此变得富有，并创造了许多就业岗位。

但现在我们进入了新经济时代，这并非仅涉及工具，更是基于革新。就像《2001：太空漫游》中的外星人，我们可以使用先进的工具和技术促进改革创新——以帮助个人、公司或社群从目前的状态转向更好的状态。

新工具总是具有变革性。当深谋远虑的穴居人发明了轮子——我个人认为是女穴居人——它改变了世界。突然之间，将人和物从一处转移到另一处就变得更加容易。在轮子上节省的时间和精力可以用于从事具有更高价值的活动。

但在这个过程中，我们往往会忘记要革新。创造工具本身成了目的，每个新工具都被视为是个好创意，工具越多越好。如今，这些工具在给我们带来许多益处的同时，却并未解决我们最大的问题。很多人仍深陷于贫困、饥饿、精神疾病、犯罪和不平等的环境之中，更不用说环境恶化和气候变化了。事实上，新工具的创造往往会促成或加剧这些问题。

我们生活在这样一个时代：通过不断发展的机器学习算法和机器人，我们每天、每时、每分都在创造新的工具。大量的工具涌入我们的生活，如果我们不当心，它们对我们来说就可能是弊大于利的。

这也是为什么策略十四是改革创新。为了在新经济时代大获成功，我们使用工具以促进改革创新——以帮助人们、公司和社群获得更高水平的幸福感。

想象一下，我们拥有一所健身俱乐部。在它开业前，投资动感单车、举重器械和跑步机等健身器材是十分必要的，同时建好跑道和健身大厅就可以开门营业了。一开始，我们很高兴许多人加入这个俱乐部，但不久后，我们注意到许多成员并未充分利用所提供的器材。大部分客户采用散漫和随意的方式健身，从一种器材更换到下一种。结果，我们自己不得不承认大部分客户的身材并未得到改善。

经过一段时间反思，我们意识到自己太过信赖工具。我们自以为只要安装好了这些器材，客户们就会弄明白如何充分利用它们。

另一个问题就是竞争——其他健身俱乐部也提供器材。严格来说，这让我们不能从竞争对手中脱颖而出，所以难以在市场上获得关注，同样我们也难以维持价格优势和利润率。

因此，我们决定成为一名健身教练，并创建了一个名为健身教练方案（Fitness Transformer Formula）的程序，目的是帮助人们从“身材走样”转变为“身材优越”。我们清晰地描述了保持良好身材的详细想法（模型），并考虑了人们通常身材走样的所有情况（反模型）。然后我们进行塑身，将人们的身材从走样变成有型。

现在我们明白了，健身器材只有在促进改变时才有帮助。我们可以清楚地看到哪些健身器材是必要的，哪些是多余的。我们也意识到其他健身器材、资源和专家都是必不可少的。因此，我们会向营养专家、冥想教练和脊椎按摩师寻求帮助。

我们以这种模式作为目标，制定了一个全面的循序渐进的流程，这个流程涉及教育和训练课程、诊断设备和在线资源。我们致力于不断完善我们的塑形过程。当考查这个过程时，我们会仔细甄别什么有效，什么无效。我们总是在寻找方式改善塑形过程。

作为革新者，我们受益颇丰。它让我们在以工具为导向的竞争者中脱颖而出，同时我们也可以在这个革新过程中收取更多的费用。做革新者更令人满意，意义非凡。我们会对客户的福祉产生更大的影响，也增进了与他们的关系。

在人机交互中，作为革新者意味着我们处于主导地位，而不是机器人。机器人为任务而工作，却并不对这个任务负责。

健身的例子是一个很好的类比。每次转型都是从身材走样向身材优越的转变。

转型过程或许比我们想象中更加容易，因为我们脑海中已经有了一种模型和反模型。从那时起，我们就开始研究这两种极端类型。在脑海中，我们有一个关于“我们所想是错误的”的反模型，也有一个“我们所想是正确的”的模型。如果我们不经常参照模型和反模型，我们便不能做出决定或采取行动。

我们同样也有一个商业模型和商业反模型。当我们想到客户或提出建议时，我们就会利用这两个模型，执行此操作或者不执行——这是基于模型的思维在起作用。关键在于意识到我们拥有这些模型，并通过阐述、包装和使用它们来促进转型，从而将它们转化为知识产权。

现在想象一下，一家叉车公司销售叉车。这是一种旧经济业务。但当我们变成革新者时，我们就可以看见更光明的前景。我们详细地记录了客户在其仓库（反模型）中存在的问题，如安全问题、操作障碍和过时的、碎片化的技术。

显而易见，对客户来说，叉车只是一种工具，叉车业务只是他们业务中的一小部分。没有人能帮助他们解决更大的问题。他们的供应商和顾问仅向他们出售工具。

我们为客户描绘了一个理想场景（模型），即他们的仓库物流更加高效，工作场所更加安全，技术更加成熟。然后，我们开发了一个转型方案，叫作仓库物流优化方案。这个方案可以帮助客户从反模型转向模型。作为一名革新者，我们对自己在客户业务中所能扮演的角色采取了一种更广阔的视角，看看我们如何能显著地拓展价值主张和增加潜在收益。

想法是转型的主要驱动力。我们的想法越清晰、越坚定（以帮助客户对其现状实现积极转变），我们的过程就会更加完善。

作为人类，我们将会继续创造新工具，不管它们是否有用。在某些情况下，创造有益的工具最终会变得有害。或者，正如常见的那样，新工具既有益又有害，这取决于如何使用它们。作为革新者，我们能够以友善的方式使用工具，便可以取得更好、更有意义的结果。

策略十五

搭建平台，整合资源

展开欢乐的翅膀

在蓝天飞舞啊

挣脱地球险恶的羁绊

向着太阳爬升

与阳光剪裁的彩云同乐，——成百上千种事情

——小约翰·吉列斯比·麦基（John Gillespie Magee），《展翅高飞》（*High Flight*）

1984年9月，教皇约翰·保罗二世（John Paul II）访问加拿大城市多伦多，人们异常兴奋。这也是加拿大人第一次有机会亲眼见到教皇，那时他乘坐封闭的“教皇专车”穿过城市大街。人们一大早就在游行路线上排队，有些人在教皇出现前几个小时就在自己的位置上等待。我记得一个女人早上

8点就站在大道上，提前了6小时。她想在前排见到她的精神领袖。

当人群在游行路线上聚集时，在某些情况下，10个人排成队，许多人意识到他们看不见任何东西，只能看见前排人的后背。但就像在这种情况下经常发生的那样，勇敢无畏的“企业家们”也预见了这个问题。他们穿梭在人群中，兜售一种小凳子，这种凳子能让人们与其他人并肩站立，可以毫无阻碍地看到教皇。“教皇踏凳”只需45美元（不含税，只收现金）。令我惊讶的是，成百上千的人争相抢购这种产品，这样他们就可以比先天优势不足的同胞们看到的东西多。

对于企业家创造力的表现，我的印象十分深刻，同时也很震惊。有的人具有先见之明，并为这个特定的场合设计了产品，这给我留下了深刻的印象。但我也很震惊，或许那个人也利用了人们的某种心理。

但之后我有了一个有趣的想法。如果人群中的每个人都买“教皇踏凳”会怎样？每个人都处于相同的高度，尽管高度增加了，大多数人的视线将再次受阻。然后呢？我想他们需要“教皇踏凳”延长器为他们创造一个更高的平台，让他们高于那些只买了“教皇踏凳”却没买延长器的可怜笨蛋。

我暗自发笑（当然，我也在恭敬地等待教皇的到来），这种情况可能会无限“延伸”。当每个人都有一个“教皇踏凳”延长器，接着就会有人售卖“教皇踏凳2.0”（在原来的教皇踏凳延长器上再安装一个延长器），诸如此类。

为什么我要写教皇和“教皇踏凳”？当我打算写这部分内容时，脑海中就浮现了这个幽默的故事。这是对新经济时代中平台崛起的完美比喻。随着新平台的创建，它们的目标是从下层群众中崛起，成为整合并囊括“贝塔级关系”和资源的“阿尔法平台”[①]。

想想苹果公司。到2020年，全球有将近10亿苹果手机用户，他们通过iTunes账户连接到一个涵盖应用程序、音乐、电影、书籍、杂志和健身项目的交换机上。为了在苹果平台上销售自己的产品，供应商必须同意支付给苹果公司每笔销售收入30%的费用（有些人认为这笔金额属于高利贷和垄断）。供应商不愿支付高达30%销售额的费用，但他们渴望进入拥有10亿客户的苹果平台。苹果是世界上最大的公司之一，这并不是因为它生产最好的产品，而是因为它有一个大型的阿尔法平台，这个平台聚合并囊括了贝塔级的资源。

① 阿尔法平台是一种机器学习和人工智能开发平台，帮助用户在云计算环境中进行模型训练和部署。它提供了各种工具和服务，包括数据管理、模型构建、模型训练、模型评估和部署。

亚马逊公司也做了同样的事情。它也拥有一个阿尔法平台。到2021年，亚马逊公司拥有超过2亿的白金会员，另加1.5亿活跃的非白金用户。换个说法，亚马逊公司拥有超过3.5亿的忠实购物者。想象一下，这给公司带来了多大的影响力。大部分供应商都想要进入市场，所以他们愿意跟随亚马逊公司的节奏，即使他们对此非常气愤。

例如，亚马逊公司推出自助出版平台Kindle Direct，让作者可以直接出版自己的书籍，图书出版商对亚马逊公司也颇有微词。出版商自然会反对："嘿，等一下。你是在直接和我们竞争。作者不与我们合作出版，作者可以直接与你合作出版。这是不公平的！"

亚马逊公司回复道："好吧，如果你不喜欢它，你可以不在亚马逊平台上卖书。"面对这种反驳，出版商也没办法。他们不可能停止在亚马逊平台上卖书，这是他们最大的分销渠道。所以他们不得不忍气吞声，并切实体会到在亚马逊平台这样的阿尔法平台上，作为一名贝塔级供应商真正意味着什么。

这些阿尔法平台成为21世纪的新型垄断企业。但这些垄断企业并不像19世纪形成的工业巨头。今天的垄断企业是由网络聚合而成的，它们就像黑洞，吸收其他黑洞，创造更大的黑洞，直至没有任何人和物能够逃脱。

在新经济时代，这一趋势的进一步演变正在显现：即平台的平台。它就像聚集在太阳系的星系，之后形成了星系的星系（本章中有很多关于天文的类比）。

苹果公司在苹果电视（Apple TV）上创建了平台的平台，当我们打开苹果电视时，就会看到一个流媒体服务的菜单，比如网飞、HBO电视网和Prime Video。与其单独访问这些平台，不如在一个地方访问它们，这样很方便。所以现在苹果公司的阿尔法平台已将网飞平台纳入其中。苹果公司现在可从网飞平台中获益。

苹果公司及其旗下的Apple News（苹果公司的新闻订阅服务应用）也完成了相应的变革。该应用程序将所有主要的报纸和杂志整合到便捷的阿尔法平台上。平台上的所有出版物都可以通过苹果订阅获得，而不用单独访问每个出版物平台。作为平台的平台，Apple News通过提供《纽约客》（*The New Yorker*）、《连线》（*Wired*）、《大西洋月刊》（*The Atlantic*）以及其他读物获利。

在全球范围内，其他雄心勃勃的数十亿美元企业，如腾讯、华为、谷歌、脸书和扎兰多（Zalando），它们正在竞争入驻阿尔法平台。它们努力在尽可能高的平台上聚集最多的关系、联系及技术。

阿尔法平台的诞生对我们的未来产生深远的影响，也将产生巨大的政治影响（谁更强大？平台所有者还是民主选举产生的领导人？）、社会影响（当社会是由平台而不是群体组织构成时会发生什么？），甚至是精神影响（平台所有者会成为新的领头羊吗？）。这些考虑很重要，也很新奇，平台的崛起为我们提供了一个令人兴奋的机会，让我们可以创建平台的平台。

从本质上讲，平台是步步高升的工具。当我演讲时，我通常站在观众上方的演讲台上，所以他们能够看到我（希望这也能从潜意识中传达出，我是一名在专业领域拥有更高知识水平的专家）。通过上升到更高的位置，我们超越了之前的位置，可以看到更大的图景。我们可以超越斗争，放弃竞争和琐碎的顾虑。

虽然我们倾向于将平台和技术结合，但它们首先是一种思维状态。我们采用一种超然的平台心态。例如，让我们想象一下，一家公司已经生产20多年自行车了，经营得一直很顺利。但如今它遇到了麻烦，它面临着来自300多家生产山地自行车公司的竞争。而且，该公司的自行车又不是绝对最好的，市场上其他公司的自行车也不错。

这家公司可以在日益残酷的商场上持续战斗，也可以采用一种平台心态（“教皇踏凳”的另一种版本）。这家公司可以客观地看待其竞争对手而不是简单地试图令其客户购买自行车。也许某些自行车确实更适合客户，它可以挑选出最好的自行车，并促进客户（它的关系网）和其他自行车公司（以前的竞争对手）的商业来往。

那么，该公司如何通过这种方式赚更多钱？它可以出售更多的自行车——一些是自己生产的，一些是竞争对手生产的。市场将该公司视为忠诚的经纪人以及最佳山地自行车专家，从而吸引更多人加入这个网络，并对其供应商产生更大的影响。

采用平台心态也是一种竞争优势，因为大部分人不会接受它。他们仍然深受竞争心态的困扰：“我们不打算出售竞争对手的自行车。我们讨厌我们的竞争对手。”他们深陷于这个思维陷阱中，只能永久处于贝塔级地位。

讽刺的是，创建平台也会帮助我们销售更多的产品。当我们的关系网络不断拓展，我们将参与更多的贸易。我们将能控制哪些产品在平台上获得曝光度，并在市场上占据有利地位（当然，出于道德原因，我们要明智地使用这种权力，但也要避免来自关系网络中的任何反击，即使会认为它被操纵了进行攻击）。

当然，这就引出了另一个问题。如果我们的竞争对手也创建了一个平台，而我们身处于一个相互竞争的平台链中又会怎样（人人都拥有一个“教皇踏凳”）？这时，我们需要以更高的视角看待问题，成为平台的平台（“教皇踏凳”延长器）。

在这种模式下，前面提及的山地自行车公司创建了一个平台，这个平台聚合了其他所有山地自行车平台，该公司不参与竞争和攀比。这家山地自行车公司类似于苹果电视，后者整合了网飞、HBO电视网、Prime Video的资源。通过这种方式，其网络系统拓展了，因为人们会被最高层次的平台吸引，让这个网络系统变得更强大，并再次赋予它巨大的影响力。其他山地自行车平台将别无选择，只能恳求该公司将它们纳入系统。否则，它们将无法接触到更大的市场，可能会被边缘化。

平台游戏的思维陷阱是我们的竞争精神。它随时可能会卷土重来。我们可能会放弃竞争理念去创建第一个属于我们的平台，但当其他平台出现时，我们会感到愤怒，这可能会阻碍我们创建平台的平台。

搭建平台链的过程是无限的（就像“教皇踏凳”延长器

那样一直延伸），它要求我们总是首先关注我们想要帮助的人（策略一）。如果我们真的想帮助别人，我们会将竞争以及我们当前的目标放在一旁，做对我们的客户最有利的事；我们将会继续超越我们的竞争对手，并将所有人和物纳入平台。

在新经济时代的初期阶段，平台主要是连接人和公司。例如，脸书将人与人联系起来。但现在，平台也将人与机器，机器与机器连接起来。

在农业领域，与农业机械和技术相关的平台正在涌现。像约翰迪尔（John Deere）这样的公司可以整合贝塔级平台，如机器人种植系统、基于无人机的现场监测网络、人工智能驱动的收割机和远程谷仓监测设备。平台整合效果越好、越全面，对农民就越有吸引力 。

我们见证了平台在加密货币和分布式金融部门的成长。起初，基于区块链的货币是零散的孤岛。它难以将资金从一种加密货币（如比特币）转化为另一种加密货币（如以太坊中的以太）。接着各种货币交换层出不穷，如加拿大最大的数字货币交易所币市场（Coinsquare）促进贸易往来。不久后，我们会看到平台的平台将所有的交易都整合到一个主要的交易场所中。

未来，我们将会见证整合平台在人工智能、机器学习算法、大数据、物联网、生物工程、纳米技术、3D打印和神经网络等领域的兴起。这些技术将整合成不断升级的平台，甚至对月球、火星乃至更远星球的空间探索都将进行平台整合。

新工厂思想家从平台而不是产品和服务的角度来对待他们的业务。他们公司的体系结构共有四个层级：

第一级：产品和服务——他们继续出售产品和服务，如螺丝刀、土豆、人寿保险和健身课程。

第二级：高级的转型方案——他们为客户提供“程序”，这种程序可促进改革创新（策略十四）。如果他们售卖山地自行车，他们就会提供山地自行车优势项目，这个项目为高级会员提供福利。他们可以将第一级的产品和服务连接到网络上，如无线网激活头盔和算法导向路由管理器。

第三级：平台——在这个层次上，他们的业务会逐步过渡到新的实体上。他们不仅提供产品、服务或项目，他们还建立了综合的社区，将利益相关者聚集在一起。以山地自行车为例，他们将山地自行车骑手联系起来，又将骑手与其他山地自行车公司联系起来。

第四级：平台的平台——在这个层次上，他们已经摆脱了竞争的束缚，成为平台的霸主。如果其他山地自行车平台出现，他们可以建造新的平台将其他所有平台整合起来。他们一直专注于网络成员不断发展的需求，一直在寻找新的方法来管理、整合和增强贝塔级资源。在这个层级上，他们的业务是面向未来的，因为他们永远无法被超越。

平台一直存在。天主教堂几千年来一直是个平台，广播和电视网络是平台，政党也是平台。平台并不是始于互联网，但互联网却赋予了它们权力。随着网络中人机交互的量级不断扩大，其关系变得愈加紧密，搭建平台也变得更加容易，即使是最专业和最神秘的平台。

技术部分实际上很简单，更难的部分在于采用平台心态。旧的思维方式，如竞争心态是天生的，它扎根于我们人类的心里。然而，大平台召唤我们去实现发展的下一个阶段。所以，请站起来，挣脱束缚，创建平台的平台。

策略十六

隐喻其词

我的思想是无法测量的星辰。

——约翰·格林（John Green），《无比美妙的痛苦》（*The Fault in Our Stars*）

我进退两难，陷入了深思，脑袋一片混乱。一周前，亚特兰大市举办了一场盛大的会议，为了能负担得起我们展位上的标牌费用，我在预算里还算上了鸡肉饲料的钱（100美元）。虽然我们在赞助费、差旅费和酒店住宿费上花了很多钱，但我们展位上还得有东西可以展示，不能光秃秃的。然而面对空荡荡的钱包，我们又能做些什么呢？毫不夸张地说，这就是一场噩梦。

在新经济时代，我们都是这片未开发国土上的探索者。在这次冒险中，我们不断地遇见陌生的情形，也面临着新的挑战。为了致富，我们必须最快速、最有效地展示我们的所学，以此来召集合作伙伴。在这个复杂难懂的世界里，想要做到这一点，唯一的方法就是隐喻。

在旧经济时代，能用隐喻、比喻和类比等手法说话的人主要是诗人。对于生产装配线上的人来讲，这种需求并不大（那时我在啤酒厂工作，我见到的唯一一个说话有深意的人是个脾气暴躁的工头，他滔滔不绝地用着不怎么标准的比喻，我不屑于跟着重复，以免冒犯读者那敏锐的辨识力）。

如今，会用隐喻是一项至关重要的技能。这个世界变得更加复杂，我们需要更好地理解和解释当下正发生的事。否则，我们可能会变得不知所措，犹豫不决，无法采取行动。我们可能会让一辆失控的火车给卷走，连指挥员都没有，唯一让人欣慰之处是这一辆酒吧车（本章节是个隐喻的乐趣屋，既为了我的文学娱乐目的，也为能给你一些指导性的启发）。

隐喻是沟通和理解事物的有效工具，尽管一开始这些东西理解起来有点困难。20世纪90年代，互联网成为主流，人们用各种隐喻来描述它。互联网是一条信息高速公路，互联网是一张网络，我们用互联网来冲浪……各种隐喻帮助我们了解互联网，从而加快了互联网的应用速度。

隐喻是一种速记。隐喻用一些众所周知的东西来解释一些鲜为人知的东西。我的一位客户曾向著名演员乔治·克鲁尼（George Clooney）介绍她的理财方案。她是洛杉矶奥斯卡颁奖晚会的主办方之一。还有一些这次活动的主办方负责赠送东西，有毛皮大衣、珠宝、电子产品以及进口汽车——他们这样做是希望那些名人能给这些产品打广告。泰格·伍兹（Tiger Woods）曾说过，你一旦变得富有，别人就会赠予你一些东西。

我的这位客户很有创意，她送出了一个用泡沫纸包装的银圆。她把银圆递给乔治时，乔治问道："这到底是什么？"我的客户回答说："乔治，你是明星，但是你跟所有的名人一样，你们的金钱都不堪一击。也许前一刻你赚了几百万元，下一刻就没有人邀请你拍电影了，最终你可能会失去所有的钱。我所做的就是帮助你们把那些钱留住。"

通过用一个隐喻（和一个代表该隐喻的物品），她能向那些心不在焉的明星们快速说出理财方案的微妙之处，而这些明星正忙着穿梭于繁忙的会议中心，手里拿着装满免费钻石项链和貂皮耳罩的礼品袋。这招很管用，她在这次活动中吸引了六七个明星成为她的客户。这次展出的举办人告诉我，此次展会是20年以来举办得最成功的一次推广活动。

在新经济的工具箱里有三种工具，即类比、暗喻和明喻。类比就是将两者放在一起来比较，例如，“和十几岁的孩子交流就像在石头上撞得头破血流”，这个类比简明扼要地说明了与愁眉苦脸的孩子聊天即使不是毫无可能，也是十分有难度的。

暗喻也将两种不同的事物进行比较。例如，他像个小丑，这辆车像个柠檬。暗喻是一种直接比较，但是能够看得出来喻体。这给人的感觉就是这个人很傻，这辆车也不太好开，但是这些描写细节又必须要有。这种手法在文学中的效果尤其好，因为它打开了向读者解释的大门。从另一方面看，明喻更加直接，会给出更多关于比较对象的特定细节。例如，这场雨像眼泪一样下着，唱诗班像天使一样唱着歌。

将一个复杂的对象转变为一个读起来朗朗上口的类比并没有看起来那么容易。我在多伦多大学读书时写了一篇40多页的文章，主要讲述了“后联邦时代的加拿大”和“黑死病后欧洲的阶级冲突”等主题（我相信你会喜欢读这类文章的）。

在我转学去瑞尔森大学读新闻学之前，我一直以为自己是位相当不错的作家。然而，瑞尔森大学里的写作任务与我之前的文学创作截然不同。老师要求我们在5分钟内选取一个复杂的故事并将其精简为一个单独段落，然后给它拟一个简短而引人入胜的标题。刚开始我还完成不了这个任务，因为我为掩盖主角，没有将最有趣、最重要的内容放在开端，而是放在了故事的末尾。但是不久之后，我掌握了窍门。我很容易就能找出最重要的新闻内容，而且在很多案例中，我都能将“校园犯罪像病毒一样传播着”以及“学生费用高出了天际”这样的类比写入标题中。

在一个由互联网驱动的经济中，隐喻式的交流就像是一种货币（我能在互联网上做些什么呢？无论是使用推特、脸书还是抖音，将隐喻的手法植入到重要的流行观念中都是十分巧妙的）。人们不会直接说“我不赞同”，而是说“他的想法像煎饼一样平平无奇”，然后再画出一张煎饼图。在第一种情况中，这种回答效果就像采石场的鹅卵石，毫无特色和表现力。但是在第二种情况下，这种回答就像漆黑的夜空中一颗星星，闪闪发光。

隐喻是人类的一项超能力。即便是最高级的人工智能运用起类比也有很大难度。人工智能不具有放荡不羁的好奇心以及模式识别能力，而这些能力是建立富有意义的类比和隐喻的必要条件。

与机器人共舞时，我们都是诗人，由机器人干着流水线的工作，这样一来我们就有时间进行诗意的思考。这也就是为什么我觉得文科对于那些渴望成为新工厂思想者的年轻人是最好的，也是最实用的学习方向之一。渐渐地，机器人完成所有技术性的工作，机器人会编写程序，它们将统治这个世界的机制。而人类将被迫理解所有的这一切，并且要以他人能够理解的方式阐释这个复杂的世界。这就要求我们具备包括口语、写作、视觉表达以及使用类比和隐喻手法的交流技巧。

人类还住在山洞里的时候，他们生活在一个充满敌意的世界中。人们将整个部落聚集在一起，相互讲故事，形成一个有凝聚力的集体。那时，能够把故事讲到最好的部落就能取胜。而现在，机器人成了我们的朋友，也成了我们潜在的敌人，人类需要获取自身最大的竞争优势——讲故事。我们人类采用明智的类比，能够共同应对在新经济时代遇到的许多挑战。如果没有隐喻，我们将迷失方向。

这让我回到了开始讲这个策略时所面临的困境。我的展位仅剩下100美元用于支付我的横幅广告费用了。我该怎么办？我决定使用一次隐喻，这是解决这个问题最快、最实惠的办法。我设计了一个可以上拉的横幅，上面贴着一只企鹅的照片，写着：“企鹅怎么了？”。这就是我的展位，一条横幅，上面还画着一只企鹅。

你猜怎么了？在展览会上，人们都上前问：“企鹅会有什么麻烦？”我告诉他们大多数企业都像企鹅，表面看起来和竞争对手没什么两样，所以他们无法脱颖而出，像成群的企鹅一样。

展会的效果非常好。很多人说：“这就是我们，我们都像这些企鹅。”我告诉他们，我可以帮他们想出一个好办法，让他们从自己行业的众多企鹅（企业）中脱颖而出。他们中很多人都很乐意接受我的方法。在那场展出中，我获得了十几位客户，我的方法就是花上100美元拉一条带有隐喻的横幅。

说到隐喻，倒让我想起了点什么。我想到了类比，说到底那就是隐喻。我们要让头脑中的隐喻散发光芒，这种感觉就像漫长的黑夜之后迎来了黎明，就像从监狱里刑满释放，像人生第一次看彩色电视（好了，我说完了。我没有更多的比喻了，我要闭上嘴，关上使用类比的这扇门了）。

策略十七

直接获益

我是个热衷于名人文化的人。一旦遇到个名人，我就会激动不已。因此，在一个有特殊意义的夜晚，我非常荣幸能与体育界和传媒界的明星面对面交流。我的一位好友与一位体育界知名偶像合著一本书，为了感谢我之前给这个项目做的一些咨询，他邀请我参加了新书发布会。

与这些明星闲谈之时，我的朋友把我介绍给了加拿大最大的报纸出版商，他是我一直都在关注的人，虽然我们素未谋面。如今，他已经70多岁了，是这个国家报业仅存的几个寡头之一。我的朋友介绍说他是这个国家最具权势的出版商。对此，我有点讽刺地说道："如今，这种权势已经今非昔比了，不是吗？"

听到我有点怒气的反驳后，这位报业大亨低头看着地上说道："你这话什么意思呢？"于是我开始高谈阔论传统报业的衰败之景，原因是谷歌、脸书以及整个数字媒体的崛起。我滔滔不绝地讲述着广告收入下降如何造成旧式的报业走向衰败，与此同时，广告商们也在涌向数字媒体行业。这种改变将权势的天平从旧的报社转移到了数字媒体公司所有者的身上。我解释道，除非报业能找到新的创收方式，否则他们的时日不多了。结束发言时，我说自己其实有一些关于如何重新规划报业商业模式的想法，如果他感兴趣，我可以再和他见一面，与他更详细地交流智慧。

那天晚上，我觉得自己有点狂妄自大，所以当这位报业大亨拒绝了我的邀请时，我其实并没有感到惊讶。我知道他来参加派对只是想玩个痛快，并不喜欢有人带着筹码来在他的伤口上撒盐。我真希望当时我可以更巧妙地传达自己的想法，因为几个月以后，有消息传来说他的报“帝国”遭遇了严重的财务危机，以低价拍卖了。一个曾经声势浩荡的机构就这样在新经济的浪潮中淹没了。

传统的权势确实是今非昔比了，它已经从一种活动转变为各种产出。那些提供活动的企业都遭遇了新经济的冲击，而那些能够有所产出的行业，则会繁荣。

让我们先说说这个可怜的报业大亨吧。导致他的权势消失的原因是什么呢？在传统报业中，一切都与活动有关。报纸就是通过一系列的活动创造出来的，这些活动包括写文章、卖广告、设计广告、布置版面、印刷和发行等，这样的活动很多很多。所有这些活动的资金都来源于让读者知道广告商，并希望读者能购买广告商的产品。

这种商业模式让报业生存了几个世纪，直到新经济的到来破坏了这种模式。报业的衰落不仅是因为人们越来越多地使用电子产品进行阅读，还因为广告商不再愿意为广告形成的过程买单。他们只想为收益买单，不再愿意为“曝光给读者”这个过程破费，却希望有人会买他们的产品。

报纸如果是一个小镇上唯一的娱乐产品，并控制着数百万的读者，那么报业将蓬勃发展。若广告商想把他们的产品和服务宣传出去，他们就必须依靠报纸。报纸过去真有这个能力。但是，谷歌和脸书出现之后，情况发生了变化。现在广告商可以为更直接的曝光买单，也就是点击量和浏览量。如果没有人点击广告，就没办法获得收益；如果没有人看广告，也没办法收益。但是我说的是更直接的收益，因为这种模式不够全面。现在我们正朝着一个基于交易转化的媒体市场迈进。在这个市场上，广告商只在售卖时向媒体供应商支付费用，而不仅仅依靠点击量和浏览量。

我若是能和这位报业大亨见一面，我就会提出这个生存方案。报纸仍然有强大的力量，因为报业与读者、与广告商都存在着密切联系。但是，报业不应该只关注生产报纸的过程，还需要将其角色视为一个以收益为导向的媒介。这可以告知广告商："我们有优质的内容，也有一个庞大、丰富的读者群，我们可以让广告商和读者联系起来。如果你卖出了产品，你可以给我们相应的酬劳；但如果你没有卖出产品，你就不用付钱给我们。"

这种模式将拯救报业以及新闻业。新闻业会通过向公司提供直接的收益来获取资金，不仅向读者展示产品，也希望通过售卖产品来资助一系列的其他活动。

在新经济时代，没有人愿意为过程买单，他们只想为收益买单。这是件难事，但它的确具有经济意义。问题是你是想为他们的过程买单，还是愿意为达到的成果买单呢？造型师、软件公司以及农民们对广告的设计过程并不感兴趣，他们只对客户看到后的成效感兴趣。

不幸的是，旧的工业思维方式阻碍了我们思考。我们耗费了大量的时间和精力。我们知道这些年我们一直在校园里学习复杂的知识，我们知道我们耗费大量精力在创新产品和优化服务上面，我们也知道我们全心全意地投入我们的业务当中。但是问题是，市场不会为此买单，市场只看收益（不要在这攻击作者，尽管我觉得现实无比的肮脏残酷，但是事实就是如此）。

市场一直是以结果为主导的，但是市场很难衡量出直接的收益。广告商知道自己的广告是否会起作用，却无法准确地知道效果究竟有多好。就像我们聘请一位健身教练，我们会觉得自己更健康了，却不知道我们究竟变得有多健康了。如果我们安装了一架炉子，我们会意识到能源使用率提升了，但具体提升了多少，我们一无所知。

不过，在新经济时代，追踪直接的收益要容易多了。如今，广告商使用先进的追踪软件，可以准确地跟踪到每一个广告具体的销售量是多少。我们若使用一种健身追踪器，也能够准确地得出我们实施这些健身项目后的效果如何。我们安装一架炉子时，也能够准确地跟踪到我们到底节约了多少能源和金钱。

互联网与现实的联系越来越密切，它使得追踪我们生活各个领域的效益变得更加便捷。因此，广告主只会为收益买单。如果我们经营一家企业，要注重收益而不是过程才会有意义。这也意味着我们需要不断地从客户的角度看待问题。客户追求的效益是什么呢？要达到这些效益有多难？我们如何才能为我们的客户创造更好的收益，跟踪这些收益，然后再从这些直接的收益当中获取报酬？

打个比方，假设我们有一家环境咨询公司。通常情况下，我们通过向客户提供咨询获取报酬，例如水资源基础设施方面的建议。我们公司主要致力于向客户提供良好的咨询，这些基础设施方则为我们支付报酬。如果我们得到报酬，这也是个不错的工作。但是在新经济时代，我们可以有更高层次的价值观念。例如，我们可以为水资源处理厂安装传感器设备，跟踪水质水平。这样一来，我们可以根据水质的监测水平获得收益，而不仅仅根据我们的咨询或者服务活动的时间收取报酬。

测量工具是这个新经济战略如此重要的关键因素。物联网（如扫描仪和传感器）、区块链、机器学习算法和数据分析使跟踪和测量数据结果变得更加容易。随着测量工具的增加以及测量性能的极速提升，客户越来越要求只为效果买单。因此，以结果为导向的竞争者就出现了，赶走了以过程为导向的在位者。

我们的思维方式又一次决定了我们采用这种新经济策略的程度。我们这位可悲的报业大亨之所以失败，是因为他无法改变自己的思维方式，他为自己业务的威严所迷惑。他觉得自己的报业就只与建筑、设备和物流相关，他认为报纸业就是关于纸的行业。但是他忘记了一点，就是整个企业的发展取决于他的广告商是否真的售出了他们的肥皂或电影票。

在与机器人共舞的时代，我们必须记住，我们的顾客只会为舞蹈的效果买单，他们并不关心我们与机器人跳的到底是华尔兹还是麻花舞。

下一步就是考虑顾客的处境。顾客想达到什么样的效果呢？我们如何才能帮助他们取得更好的效果呢？我们又如何衡量这些直接的效益呢？测量指标是什么？测量工具又是什么？我们如何取得基于可衡量的效益而不是过程的报酬？

我在思考这个新经济策略的意义时，设想出了一些有趣的场景。以人们对一些名人的痴迷为例。或许在不久的将来，我可以计算出我从这些名人身上获取的情感价值。看电影时，我的穿戴设备能测量出我大脑兴奋中心多巴胺的释放情况。当更多的多巴胺被释放时，一个区块链支撑的系统会将加密代币转发到电影制作人的账户中。如果没有释放多巴胺，代币就不能转走，那么电影也就不会耗费我任何财力。

这看起来是不是有点牵强？或许吧。但我们要留心这些直接效益型商业模式的出现。但是还有更好的办法，那就是创新这些商业模式。

策略十八

变废为宝

新冠肺炎病毒袭击北美洲的前一个月，我在墨西哥的海滩上待了三个星期，在阿尔伯塔省的班夫镇的滑雪坡上待了一个星期。我度过了一段多么美好的时光啊！我沐浴在灼热的阳光下，在滑雪道上滑行，我无法想象等着我的会是什么。现在我把那些纯真岁月称为“过去的时光”。我和所有人一样，对这个世界上即将出现的大灾难视而不见。

2020年3月中旬的一天，我回到家，第二天醒来时，我感到十分害怕。整个国家及其经济都处于封锁状态，我担心我的生意会受到影响。我的演讲活动取消了，一些客户搁置了他们的项目。我很害怕，但后来我想起了第十八条策略：变废为宝。我意识到，这个世界刚刚出现了一连串新的问题，所以我知道机会无处不在。

我不再感到害怕，而是充满希望和感到激动不已。我开始思考我的客户现在正面临的新问题。他们被困在家里，以前的经济业务也受到了威胁，即使在新冠疫情期间，他们也需要创新的想法来支撑他们的生存和发展。

一天之内，我建立了一个新的项目，叫作“虚拟企业成功计划”。我创建了一个网站，并推广了一个Zoom平台上的网络研讨会，标题就叫“如何在5小时内创立一家虚拟企业”。400多位企业所有人参加了此次网络研讨会。很快，我们的新项目中注册了几十名成员。这个项目帮助人们设计和包装新的虚拟业务。这是一个激动人心的时刻。我的成员们开始意识到，新冠疫情带来的麻烦也存在着一些隐藏的机遇。

在我们的文化中，意识到麻烦也会带来一种机遇并不是公认的智慧。大多数情况下，我们都是社会的抱怨者，我们不喜欢生活给我们带来的前进道路上的麻烦。我们受到消费文化的限制，认为生活应当是一场美妙的旅程，充满着持续的快乐和喜悦。因此，出现麻烦时，我们假装麻烦不存在，或者担任着受害者的角色。这些应对措施对我们个人、我们的事业以及职业生活都没有帮助。我遇到过一些商人，他们长期受困于自己碰到的麻烦，他们自我满足于这种消极情绪，他们把问题看成是一种坏事，认为一切都很糟糕。

关键就在于变废为宝。每当一个问题得到解决，它往往会产生新问题。然后，我们可以通过寻找这些新问题的解决方案来实现繁荣，从而孕育更多的新问题，也就是更多的新机遇。

这一切都与态度和角度有关。首先，我们需要从更积极的角度看待问题，即新问题让我们有机会以新的方式帮助人们。其次，从客户的角度出发，我们意识到专注于解决他人的问题要比反思自身的问题更好。同时，我们还要意识到，解决他人的问题往往是解决我们自身许多问题的最佳途径。

让我们畅想一下，如果每个人明天醒来都下定决心要帮助他人、解决他人的问题，会发生什么呢？我敢打赌，经济将飞速发展，数以百万计的工作岗位将会出现，很多心理健康问题会消失，人们也会更加幸福。

在旧经济时代，在流水线上工作是一项维持生产的任务。没有人要求我们去考虑别人的问题，我们只需要低着头，一直工作，不抬头，不看周围，保持专注，以此来保持生产线的运行。

但在新经济时代，我们的任务变了。我们有肆无忌惮的好奇心，我们可以环顾四周并提出问题：发生了什么事？什么东西变化了？人们如今需要什么以前不需要的东西？当下的趋势是什么？事情的发展方向又是什么？

此外，我们可以利用自己的实体模式识别能力充分发挥想象：什么新问题正在出现？出现这些问题的潜在原因是什么？

这些反思促成了我们人类在目的驱动型构思方面的天赋。这些问题有哪些可能的解决方案？我们如何将现有的资源组合成新的资源来解决这些问题？解决这些问题需要哪些新的技术、策略和流程？

人类的每一项超能力都受道德框架的支撑。我们怎样才能以最道德的方式解决这些问题？我们如何才能将解决这些问题所产生的负面影响降到最低？我们如何才能将伤害最小化，将福祉最大化？

最后，我们可以用隐喻式的交流来巧妙地阐释新问题、其负面影响和新的创新型解决办法。我们通过使用类比和富有创新性的故事，可以更快地调集资源，更迅速地让人们加入我们，并更快速地解决这些问题。

在与机器人共舞的时代，我们不断制造出许多问题。随着技术越来越先进，网络越来越复杂，数十亿的新问题都将出现。这些猜不透的难题不全是意外，它们应该是预料之中的。展望未来，虽然我们无法确切知道会出现什么问题，但我们可以肯定，新问题是不可避免的。

因此，不要试图让任何人说服我。

就拿加密货币来讲。当比特币和其他以区块链为基础的货币被引入时，人们将其誉为一种保留和交换价值的安全方式。与中央银行和大型金融机构控制的法定货币相比，记录在不可更改的分布式账本所产生的交易会变得更加安全、更加平等。那么这有什么不对的地方吗？

2018年，黑客入侵了一家名为Coincheck的加密货币交易所（这是日本最大的虚拟货币交易所之一），盗走了超过3.5亿美元的资金。2018年，黑客卷款7.3亿多美元潜逃。2013年和2014年，网络劫匪从“门头沟”（Mt.Gox）比特币加密交易平台上所盗走了85万个比特币。2021年，有些人损失了数百万美元资金，原因是他们不记得自己加密货币钱包的密码了。

说到身份盗窃问题，在我们将个人信息储存在网络上时，这种问题就会暴发。研究表明，每15个美国人中就有一个人的身份被盗了，超过四分之一的55岁及以上的成年人的身份曾被盗用过。

互联网的互联性不断扩大，导致极端主义和社会不和谐现象出现。新经济的商业模式彻底摧毁了传统商业公司，数以百万计的人因为自动化生产而失去了工作。

在新经济时代，这只是科技所导致的一小部分问题。与其对此垂头丧气，不如成为问题的解决者，这才是出路。

我们如果能全力以赴地采用这些新经济策略，并突破以往的工厂心理障碍，就能看清一个惊人的事实，即对于我们能够创造和即将创造的价值，我们现已创造的部分仅占其1%左右。工业革命是一个良好的开端，但新经济将变得规模更大、效果更好。10年后，我们将做出今天无法想象的事情，我们会解决现在还不存在的问题。

宇宙中最持久的特征就是变化。变化产生问题，不断的变化让问题成为一种可持续性资源。在新经济时代，我们的任务就是要充分利用这种可持续性资源。

策略十九

数字模拟相结合

道格把玩具卡车放在桌子上，觉得有点傻。他想知道自己的潜在客户——这个国家最大的建筑公司的亿万富翁老板，会怎么看待他那愚蠢的营销噱头。

“这是什么？”这位亿万富翁好奇地拿起卡车问道。

“卡车代表你的生活，你的未来。”道格说，“你知道你的卡车会驶向何方吗？”

这位大亨停顿了一下，陷入了深思，接着回答说：“你知道吗？我还真不知道我的卡车会驶向何方。”

“是的，这就是我的工作。”道格解释道，“我会帮助你让你的卡车驶向正确的方向。”

第二天，道格告诉了我接下来发生的一切。

“我们聊得很愉快。他向我分享了他以前的故事，那是他从未跟别人透露过的。这简直不可思议。他很喜欢那辆玩具卡车，放下又拿起来，一直玩着，就像一个小孩子。还有最重要的是什么呢？他竟当场就报名参加了我的项目，还给我开了一张25000美元的支票。我觉得这都是因为那辆玩具卡车，这卡车对他来说意义非凡。所以，这真的是一次巨大的成功，但坦率地讲，我仍然很惊讶，这真的奏效了。”

道格对玩具车策略的成功感到惊讶，因为他仍然挣扎于数字梦中。我见到道格时，他已经形成了自己的数字商业计划。他的梦想是，“我发送邮件并在社交媒体上发布信息，那些潜在客户就会蜂拥而至。接着我会在Zoom平台上和他们视频，他们会用数字汇款支付我一笔报酬，这样我永远都不必去亲见任何人”。

和很多人的梦想一样，道格的数字梦变成了一场噩梦。他发的电子邮件和社交媒体帖子都没有起作用，潜在客户没有任何回应。他仅和几个客户在Zoom平台上开了几次会，但是成交率很低。排除工作中人情的因素后，他的生意日渐减少。

我告诉道格，有困境很正常。我们中的许多人都相信一切都能以数字形式完成。数字工具供应商告诉我们，模拟技术过时了，应该被取代。他们推崇科技理想国，这是一种原教旨主义的观点，认为所有的新技术都是好的，而且比旧技术更好。但是我明白，更好的办法是采取第十九条策略，即数字（机器人）模拟（人类）相结合。

此战略对于对本书的创作前提具有开创性意义。新经济的成功在于数字与模拟的巧妙结合。

尽管数字技术可以变得十分强大，但它只是现实的一个象征。当我们把一些东西数字化（比如歌曲录音）时，在转换过程中会失去一些东西。我们作为生物个体，对模拟技术有一种深深的依恋。这就是为什么黑胶唱片的销售正在蓬勃发展。尽管我们可以将歌曲下载到我们的智能手机上，但人们已经重新找到了在唱机上听黑胶唱片的乐趣。他们享受听黑胶唱片更饱满、更优质的声音。他们喜欢体验这种实体性能。虽然他们可以在自己的手机上听到同一首歌，但他们也愿意花上20美元甚至更多（有时比这多得多）的钱去购买一张黑胶唱片。

在新经济时代，人们再次寻找现实技术。当人类越来越沉迷于有机器人的世界时，我们开始寻求现实技术的慰藉。模拟产品和服务比以往任何时候都更受青睐，有时会以让人惊叹的方式出现。

想一想亲自到场的会议。新冠疫情期间，我们被迫在Zoom和其他电话会议网站上开会。但早在新冠疫情之前，使用视频会议的趋势就已经出现。网络会议更快速、更便捷、更实惠。但是，网络会议只是现场会议的一个翻版，如果可以的话，我们中的大多数人更愿意举行一次线下的会议。在这个充满机器人的世界里，现实中的会议相对更具价值，它给人的感觉是一种优质的体验。我在创建新经济网络时注意到了这种现象。如果可能的话，我的目标是与我的项目成员逐个见面，我们一般会约在星巴克喝咖啡。我开始意识到，我在星巴克与人建立的人际关系质量远远超过了那些只通过视频会议建立的关系。我从我的对等关系中获得了更多的生意，也得到了更多的机会。我可以告诉大家，我亲自去见的人会感觉很特别，觉得受到了重视。

在数字领域，事物因普遍性而贬值。如果你可以立即获取10亿首歌曲，那么没有一首歌会让你觉得很特别，你会发现每首歌都是一种商品。但是，如果我们必须把黑胶唱片从唱片套中取出来，然后把它放在唱机上时，一首歌就成了更稀有的优质曲目。这并不只是因为黑胶唱片上的歌曲听起来更美妙，而是因为黑胶唱片的制作需要耗费时间和精力，没那么容易被消耗掉，这使得黑胶唱片里的歌曲更具意义。

那种认为颠覆性技术总会取代旧有技术的想法是一种误解。更为普遍的观点是，新技术或者新的商业模式给我们提供了另一种选择。想想电视，它并没有取代广播。有些人喜欢听广播，不喜欢看电视，或者他们早上准备工作前听广播，晚上看电视。

说到数字，你可要对数字梦小心谨慎了。将所有实体的东西取而代之可能不是最好的举措，也许混合战略会是一个更好的办法。比如，如果我们仅仅依靠数字营销的话，我们可以考虑通过邮件向我们的潜在客户发送一些实在的东西，比如手绘的卡片。

想象一下会发生什么。我们的潜在客户可能每天都会收到几十封电子邮件邀请函，他们可能没有理会这其中大部分的邮件。但当他们收到一封带有手绘卡片的邮件时，他们很难忽视它，因为他们不是每天都能收到这样的卡片，这就显得很特别。实际存在的现实帮助我们脱颖而出，增加了潜在客户与我们见面的机会。

你也可以把数字和实体结合起来。比如，你可以先发送手绘卡片，然后发封电子邮件询问潜在客户是否收到，问问见面的事，可以是视频会议，也可以是面谈。你可以坚持要求面谈，告诉你的潜在客户，通过面谈他们能获得更多的价值。

说到产品和服务，你可不要以为在新经济时代一切都需要虚拟或数字。如果我们的竞争对手都采用数字技术，我们也可能会向有形技术转型。比起虚拟现实视频游戏，我们更可能会发明一种棋盘游戏；我们可能会出版一本超级大的印刷书，但没有数字版本；我们可能会开一家自动出货零售店，卖点像滑尺或打字机这样的复古物件。要做到这一点，关键是要保持我们的思想开放，不要忽视实在物品的潜在能力。

对于我的那些通过上网课赚钱的客户来讲，这种策略让他们取得了累累硕果。起初，他们的数字梦就是有成千上万的人来购买他们的在线课程，钱就会随之滚滚而来。但他们很快意识到，市场上充斥着许多网络课程，而且很多都是免费的，无论自己的收费有多低，都很难与免费竞争。因此，我们建议增加人的因素，这样的话他们的课程会包含与培训师或教练的现场互动。使用这种混合模式，我的客户可以收取数百美元，甚至数千美元的课程费用。再通过增强现实技术，使他们的课程对买家更有具吸引力。

我们也可以在实在的东西上添加数字技术。比如，像动感单车这样的有形产品，我们可以给它添加一个数字组件。它将在线课程附在其旋转的自行车上，允许成员间彼此互动，并实时监测其进展。像动感单车一样，任何模拟的东西都可以受益于网络数字连接。无论是什么东西，当它成为一个关联物时，其价值就可以成倍增加。

亚马逊公司是这种新经济战略的另一种体现。该公司已经掌握了数字化、机器人支撑的物流体系，可以快速低价交付有形产品，也就是实实在在的物品。它击败了它的竞争对手，因为它有更好的物流系统。这就是为什么我一直从亚马逊购物。我很想分散大笔资金，也从其他公司购物，但这些公司的分销和物流系统通常都比较差劲，所以我宁愿今天就收到我的包裹，而不是等上足足10天的时间。

趁机器人还没开始买东西，我们必须不断提醒自己，我们的客户是实实在在的人，他们不希望自己的所有生活都是数字化的，他们仍然渴望在“生物宇宙”中与人联系，他们想把东西握在手中，他们想闻到东西、尝到东西、感觉到东西，他们想要真实的生活体验。

在新经济时代，人们会花很多钱购买实体的东西，也许会花很多很多钱。人们会花300美元买一张限量版的黑胶唱片，或者花上50000美元购买手工设计的行李箱。

在新经济时代，市场已经分化为两个不同的阵营：“快餐”市场和“美食”市场。在“快餐”市场，被我们看作是商品的东西，大多数是数字化的东西。在“美食”市场，我们认为很特别、很高级的东西，大部分是实体的东西。就“快餐”市场而言，最好的价格是免费，所以市场上出售的任何产品都必须在价格上与其免费的替代品竞争。在“美食”市场，即高端产品方面，价格更高意味着产品更独特或服务更周到。

这就是为什么实体商品是新经济中的一个巨大机会。当大家都急于进入数字领域时，我们也要孕育实体经济。

思考一下金融服务。在线金融服务（人们所知道的机器人顾问）因其管理费较低而受到欢迎。收取1%~2%咨询费用的人类财务顾问比不上收取5%或更少（有时甚至没有）的机器人顾问。人类顾问与机器人顾问竞争的唯一方法，是充分利用自己的实体能力并收取高额费用。这就是为什么我指导金融服务客户创建的高端项目，远比他们的客户从机器人顾问那里得到的东西要好。当机器人可以更快、更好地完成同样的工作，而且花的钱更少时，人类顾问推销他们的投资组合技能就不再可行了。相反，人类顾问需要出售他们的智慧、人际交往技能、倾听和沟通技能以及观察和顾全大局的能力。他们需要推销自己的超能力。

机器人将打赢数字游戏，因为它们是虚拟的。我们可以赢得实体游戏，因为我们是实体的。因此，我们必须看一看我们在现实领域可以做什么以超越数字领域的机器人。这就是为什么我一直强调我们人类的五种超能力：实体模式识别、肆无忌惮的好奇心，目的驱动的构思、道德框架和隐喻沟通。这些人类的超能力是现实的，通过推销这些超能力，我们就可以在新经济中提升巨大的价值。

这就是我的客户道格干的事。当他把玩具卡车送给那位亿万富翁时，他用这种新经济策略取得了显著的效果。玩具卡车的质地激发了潜在客户的想象力，这对他来说意义深远。道格会出现在他的办公室里，而不是仅仅召开一个视频会议，这让潜在客户看道格和自己都觉得很特别。更重要的是，道格的咨询计划是令人愉悦的现实技术。道格深入了解他的客户，使用实体模式识别能力和肆无忌惮的好奇心来识别客户的情感状况。他采用目的驱动的构思能力和道德限制能力为客户的问题制定解决方案，同时利用隐喻的方式，以一种容易理解的方式解释这些新策略。当然，玩具车本身就是一个隐喻沟通的完美例子。

所以，不要因为痴迷于机器人而忽视了现实。要知道与机器人共舞就像一种舞蹈艺术，数字和现实、机器人和人类的混合为新经济的成功提供了更大的机遇。

策略二十

创造未来

在莎士比亚的《麦克白》（*Macbeth*）的开头部分，三个女巫告诉麦克白，终有一天他会成为苏格兰的国王。她们隐晦地预言他的朋友班柯的孩子也会成为国王。带着这些天马行空的预言，麦克白踏上了一条谋杀的道路。他杀害了一直缠着他的班柯，接着谋杀了许多人，有男人、女人还有孩子。他的确成了国王，但正如所有优秀的莎士比亚悲剧里讲的一样，麦克白在最后一幕中遭遇了灭顶之灾。

和《麦克白》中的女巫一样，机器人可以预测未来。它们使用机器学习算法和大数据数列来进行预测。它们预测回家的最佳路线，并给出准确的预计到达时间。它们预测我们可能在短信或电子邮件中想说的话，然后给我们提出建议。它们预测明天的股市走向，或者猜测出我们可能想从亚马逊平台购买什么产品。预测未来是机器人最重要的功能之一。

机器人可以预测未来，但它们不能创造未来。它们的预测是以现在和过去为根据的。它们着眼于当前发生的事情和过去发生的事情，然后预测未来。这种从过去到现在再到未来的过程可能是极其有帮助的，但它不是特别新颖且富有创造性，因为它没有为激进的想法或思维定式的转变留有余地。如果机器人在1890年就出现了，它们可能会预测到我们想要更快的马匹，而不会预测到汽车，更不会发明汽车。它们本身不能实现如此具有创新精神的飞跃。

更令人担忧的是，机器人的预测可能只是自我满足。就像女巫的预言一样，机器人的预言会造成很多苦恼和麻烦。盲目追随预言会导致不好的后果，甚至出现悲剧。

《麦克白》传达的寓意是，主人公遵循了女巫们的预言，踏上了一条梦想成真的道路。可问题是，如果女巫们没有把成为国王的想法灌输给麦克白，那么他还会走上这条道路吗？大概率是不会的。他可能还是苏格兰王国的一名忠实臣民，过着比较富裕且平静的生活。如果没有遵循预言，他本可以创造属于自己的未来。

机器人的功能越来越强大，它们的预测能力也在不断提升。但这些预测往往从建议变成了潜在的命令，它们告诉我们未来会是什么样子的，我们应该实现一个什么样的未来。

例如，走哪条路去上班、戴不戴帽子、到哪个岛上去度假、和谁结婚、住在哪栋房子里、开哪种车以及把孩子送到哪所学校上学，等等。

预测型机器人的出现是不可避免的趋势。它们的预测（建议）意义重大。它们的预测给我们指明了生活的方向和信心，使我们充满力量，掌握命运。但这是一种错觉。麦克白认为他给自己的命运规划好了蓝图，但实际上，他被女巫们操纵了，是女巫们控制了他的生活，而不是他自己。

预测型机器人的终极危险是：它们交给我们一个不费吹灰之力就得到的未来，但这并不是我们真正想要的或可能拥有的未来。以上就是遵循第二十条策略也就是创造未来的重要性。

在新经济时代，我们可能会被埋没于世间的千变万化或闪光灯下无尽的新闻、想法和观点之中，我们可能会迷失方向。如果我们花时间好好思考未来、创造未来，我们就可以夺回控制权。

几年前，我帮加拿大西部的几家企业的老板举办了一次研讨会，一家出租车公司的老板也参加了此次会议。我在讲话中无意中提到了优步（Uber），这是新经济企业的一个颠覆性案例。此时，那位出租车公司老板从椅子上站了起来，用长达10分钟的时间，滔滔不绝地讲述了自己多么讨厌优步，他认为这一网络新贵深深地阻碍了他的业务发展，迫使他的公司市值下降。

我理解他的挫折感，但我也知道其实他是在为别的事情生气。这不仅是因为优步公司搞砸了他的生意，还因为他自己没能想出这个点子，错过了时机。

可问题又来了：为什么这个出租车公司老板没有想到优步呢？毕竟，他是个内行。难道那时还没有到发明一种新型出租车系统的最佳时机吗？

答案极其可悲。出租车公司老板没能发明优步，因为他从来没有花一秒钟去思考一下未来，他只专注于当下，他每天都在努力工作，升级他的账户软件，改变出租车的颜色，但这些改进都是渐进的。这些人永远无法想出优步这样的点子。事实上，一旦只专注于改善现有的业务，人们就更不可能创造一个全新的未来。

记住，我们人类存在一种维持现状的偏见与惰性，我们倾向于觉得未来会和现在差不多，尽管可能会有网速更快的电脑、更好的苹果手机和一些到处跑的机器人，但是总的来说还是换汤不换药，因为我们不会花大量时间去想象一些完全不同的未来场景。

我住在多伦多的时候，当地的政治家们承诺建造一个地铁延伸系统。该项目就只增加3个车站，耗资数十亿美元，且10年内都无法完工。现在，我是公共交通的忠实支持者，但如果市议会花一点时间，哪怕是花一小时来思考其他未来计划，应该会是一个不错的想法。也许10年后人们不会再乘坐地铁，也许自主交通运输网络将会取代它们。我们将不再乘坐地铁，我们将会用装有轮子的机器人或无人机到人们的家里接他们，并把他们送到准确的目的地，也许人们还会用加密货币支付出行费用。

我不知道这一切是否会发生，但在我们把数十亿美元投资到一个基础设施项目之前，我们值得考虑一下未来可能发生的变化。

所以，我们要采取不同的方法，投入时间和精力思考一下未来。大家可以拿本书中所学到的东西，为未来想点新主意。问题是：我们的未来将如何变得有新意、变得更好、变得与现在截然不同？我们将如何利用这些新经济策略来创造我们想要的未来？我们又将如何利用现有的新工具和新技术？

有一个简单的技巧，可以让未来工作变得更加简单。首先，我们要把目前所做的一切放进一个盒子里（象征性的），我们称这个盒子为旧工厂。说它是一个旧工厂，是因为它代表着过去。这并不意味着旧工厂有什么问题，我们只是暂时把它放在一边。我们不会试图去改变它或者改造它。如果那样做，最终我们可能会有更快的马或者还是不同颜色的出租车。

随着旧工厂的衰退，我们将注意力转向新工厂。从某种意义上说，这就相当于我们穿过街道，到街对面的空地上，用所有新的部件从头开始建造一个新工厂。这时我们拥有完全的思想自由来创造一个全新的、更好的未来。

那么，未来我们的新工业会是什么样子的呢？我建议从这本书的第一个策略开始，用更少的资源实现幸福。然后问一问：未来我们能做些什么，从而在用更少的时间、金钱和精力的情况下，让我们自己和其他人都能够享受到更大的福祉？

然后是策略二：关注受助对象。让未来与他人关联起来，而不局限于个体。问问自己我们真正想与谁合作？谁能从我们的想法和善意中受益最多？我们去哪里可以找到更多这样的理想型人物？

未来的第三个支柱可以用策略三来构建：创意引领价值。问问自己：我们能帮助客户解决什么大问题？——一个没有其他人会帮他们解决的问题。我们能帮助他们实现什么远大的目标？

此处，请记住要大处着眼，小处着手（策略十三）。当我们创造未来时，愿景越大，动力越大。

请注意，创造未来并不是件容易事。有些人可能会嘲讽我们的未来愿景，他们会试图阻挠我们，所以我们要警惕和我们分享愿景的人（我在高中时的手工老师说："永远不要让一个傻瓜看到一个半成品。"）。

记住，创造未来，我们不必得到任何人的许可或验证。

我一生都在与反派对抗。25岁的时候，我创办了一份名为《上城杂志》（*The Uptown Magazine*）的娱乐报纸。我决心创造新的未来，我以为每个人都会支持，但他们并没有，一些朋友和家人对此都持怀疑态度。有人说："对一个年轻人来说，这是个相当大的挑战。"有人说："市场不需要换汤不换药的杂志。"甚至有人说："你会破产的。"

但是我从来不听那些把消极情绪与智慧混为一谈的人说话。我下定决心要创造未来，而且这也奏效了。该杂志从第一期开始就赢利，这在出版界是闻所未闻的。它成功获得了关注，并促使我最终成立了出版和营销公司。

更重要的是，它教会了我如何创造未来。从很早开始，创造未来已经成为我们公司的一个重要习惯。每个季度我们都会花一整天的时间来思考未来，我们会向内心发出提问：

“我们想要未来变成什么样子？”

这一策略在新经济时代非常重要，因为机器人为未来设定了自己的轨迹。就像《麦克白》中的女巫一样，她们给我们提供了一些未来建议，这些建议就像超市里不劳而获的免费奶酪样品一样，确实很诱人，但它可能不是我们真正想吃的奶酪。

所以，预测未来的最好方法是去创造未来。

策略二十一

掌握核心

万物崩塌，中心便不复存在；

纯然无序日渐松绑，侵蚀着这个世界。

——威廉·巴特勒·叶芝（William Butler Yeats），《基督再临》（*The Second Coming*）

20世纪90年代，互联网和万维网成为主流，学者们预测等级制度和中产阶级会消失。现在，人们可以构建自己的网站，亲自开启播客、播放视频，并参与公开讨论，而不再需要由精英政客、媒体公司和其他位高权重的经纪人来调解。人们也可以直接向客户销售自己的产品和服务，而无须通过分销商和零售商。这是等级制度的终结，世界变得单调起来。

当然，事情并非如此。新的等级制度取代了旧的等级制度。谷歌、脸书、亚马逊和苹果等公司成为数字时代的霸主。这些平台上的供应商被迫支付高额佣金来销售他们的产品。脸书等社交媒体网站主导了媒体格局，政府发现了如何利用互联网作为社会控制的工具。技术不但没有创造出一个更平等的经济体和平等的社会，情况反而恶化了。互联网繁荣的大部分利益和权力都属于那1%的人，更确切地说，是1%的1%。正如谁人乐队（The Who）在他们的歌曲中哀叹道："我们再也不会再被愚弄。""迎接新老板，还是以前的老板？"

然而，现在有一场反击运动，要打倒这些新的等级制度，将财富和权力重新分配给大众。这场运动主要由区块链技术驱动，旨在再次消除中间人（我在这里使用了一个无性别的名词，但大多数中间人仍然是中间商）。

在我写这本书时，区块链的承诺还没有实现，但它作为一种哲学寓意比作为一种技术应用更有用。区块链是一个分布式的交易账本。例如，加密货币比特币在区块链上运行，每当两个人交换比特币时，比特币账本就会被更新以记录该交易。所有曾经用比特币进行的交易都存储在账本上。但这里最关键的一点是，这个账本不是由一个人或组织持有的，而是由成千上万的人持有的。当有一个比特币交易时，所有的账本都会被更新。对于理解区块链的理念来说，最重要的是没有某个组织控制账本。从本质上讲，就是没有中心。

这就是为什么区块链不仅仅是一项有用的技术。当它在我们的经济中作为一种生产手段被完全实现时，它将带来一场海啸般的变革。想象一下，在这个世界上，交易行为是通过分布式而非集中式系统进行的，银行将被淘汰，与其由银行控制账本（并把我们的钱放在金库里），不如我们都有一份账本（并把我们的钱放在加密钱包里）。这种分布式模式的一个吸引力是，我们不用再向银行支付费用了。

去中心化的分布式经济会影响每个行业。从集体角度而言，我们可以为彼此提供保障，不再有更多的保险公司。我们可以创建我们自己的汽车共享系统，不再有优步或来福车（Lyft）等打车应用。我们可以建立自己的音频和视频售卖系统。不再有网飞或声破天（Spotify，又译“声田”）。在每个例子中，这些系统的集体用户将控制他们的运作方式，而不用再向这些系统的所有者付费。

现在已经出现许多去中心化的应用系统，其中一些相当新颖。我是一个名为迷恋猫（CryptoKitties）的区块链游戏的首批参与者之一。在这个游戏中，我收养培育虚拟猫，让它们与其他猫进行配种，并通过买卖猫来赚取加密货币。这个游戏娱乐性很强，还可以赚取利润。一只虚拟猫可以卖到100000多美元，这听起来是不是很疯狂？我说过我很幸运，因为我的虚拟猫很值钱，它们是第10代或更早一代的虚拟猫，它们有优质的虚拟基因，所以人们向我付费让我用我的猫来培育他们的猫。我的虚拟猫在配种过程中会传递它们的基因，然后我就能从中赚到钱，这是个多么美好的世界啊！

如果说我看起来似乎走到了深渊，这也许是对的。当我开始玩虚拟猫游戏时，我有些迷茫，我在想："这到底是什么？"我发现一件奇怪的事，没有一个单个的团体有虚拟猫，这个游戏都是由一群成员集体管理的，他们扮演着上帝的角色，把第一批虚拟猫带到了这个世界上，然后让这些猫自由地前行和繁殖。同样明显的是，这个区块链游戏隐藏了一种将娱乐和经济刺激性相结合的价值主张，人们可以边娱乐边赚钱。

分布式系统将在未来10年改变数百个行业，如房地产、教育、零售、医疗保健、供应链管理、能源、娱乐、体育、非营利组织、法律、出版、资源管理、农业、旅游、废物管理和会计。如果我们身处其中的一个行业，我们需要更仔细地观察区块链和其他去中心化系统将会如何影响未来。市场力量使得这一趋势在所难免，原因有两个：一是金融，二是社会。

在金融领域，有一种去中心化的货币激励措施。目前，控制中央系统的部门收取高额费用以促进交易活动。例如，网飞公司对电影公司和用户都收取费用。如果出现一种新的去中心化系统，不再收取费用，或收取低得多的费用，人们就会改变经济刺激措施。

在社会领域，人类努力追求自由。一般而言，人们不喜欢受到控制，也不喜欢受霸主的指使，人们憎恨这种行为。因此，当人们可以选择加入没有霸主的去中心化系统时，便会抓住这个机会，这就是加密货币如此受欢迎的原因之一。吸引人们的不仅因为它具有赚钱的潜力，还因为拥有加密货币让人们感到自由。

随着去中心化和共享经济的融合，这种趋势将获得更大的发展动力。例如，一个分布式能源系统，没有集中的能源生产效用，系统中的用户生产他们自己的能源，如太阳能和风能，然后在互联网上分享他们多余的能源，使他们在成为“准消费者”的同时又是消费者和生产者。

计算机处理的分布式共享也将出现。就像在爱彼迎上一间空闲的卧室可以租给别人一样，拥有运行功能的个人电脑或苹果手机也可以租出去。区块链可以跟踪使用我们设备的人，并对这些微交易进行补偿，从而让我们在睡眠状态时也可以赚钱。

由区块链驱动的去中心化让互联网最初的平等愿景复苏过来。早在20世纪80年代和20世纪90年代，我们不知道互联网发展的真正走向。超文本标记语言（HTML）和万维网都是令人难以置信的工具，但互联网并不是基于某个宏伟的计划设计而成的，这就是为什么互联网一直被隐私问题、黑客攻击、民主威胁和不平等问题困扰，即使现在我们可以创造一个更优质的互联网。

那么，我们如何在一个去中心化的新经济中繁荣发展呢？在没有领导者、没有等级制度、没有核心权威的系统中，我们该如何应对？接下来要说的就是采用第二十一条策略：控制核心。

当这些去中心化的系统和模式占据上风，而中心化的前辈黯然失色时，我们要把两个极端都抓紧。错误的做法是认为只有两种选择：中心化或分散化，而聪明的做法是将两者结合起来。

想想区块链会不会取代银行。我认为这不会发生，至少没必要这样。虽然区块链可能会接管银行的分类账功能，但人们仍然需要以此来理财。银行家将成为顾问，而不是金库的保护者。

比方说，我们开发了一个新型合作式系统取代了优步或来福车。消费者不用通过中间人直接与司机协商，在市区内出行。但是，如果出现服务质量问题怎么办呢？如果有投诉怎么办呢？谁来接电话？谁来处理纠纷？可能会是我们自己。我们自己充当网络的客户服务部门。用户会付钱给我们，让我们调查情况并处理相关司机，或者我们可以提出自己来招募新的司机，司机向我们支付培训和入职的费用。

这是一个激动人心的机遇。在旧的集权式经济中，我们从某一机构谋一份工作，它可以为我们提供全职或临时的工作，也可以解雇我们。但在非集权化的经济中，我们自己做生意。我们将自己置于网络中，并提出我们的价值主张。人们通过直接向我们付费来享用我们的服务。这就像顾客直接向商店的店员付款，而不是向雇主付款。在巨大的网络中，我们都将成为彼此的雇主和雇员。

请注意，这并不是零工经济。就个人而言，我喜欢零工经济，但我知道其他人并不同意。我理解他们的顾虑，我也不希望人们受到剥削。但在分布式经济当中，我们拥有更大的代理权，没有任何集权能够剥削或胁迫任何人。根据我们给网络带来的真正价值和在网络中发挥的作用，我们会得到相应报酬。

即使在一个分布式系统中，领导力也很重要。开创比特币和虚拟猫的人自己运营得很好，但他们将其整合并推广出来。这是一个好主意。作为创始成员，他们不拥有传统意义上的股权，但他们有很大的影响力和权力，同时也赚了很多钱。

因此，分布式新经济通过创造更多的价值将权力交给人们，并更均匀地分配公司的权利、职责和奖励。

分布式系统也使经济更有效率。例如，想象一下这个场景：某人开着自己的自动驾驶车，飞驰在高速公路上，同时在区块链电影网络爆米花（Hot Popcorn）平台上看电影，这时她收到一条短信："你想获得1000个加速器代币吗？只要减速就好了，我们这有个人正急着去市中心，想超车。"

鉴于她想在到达目的地之前看完这部电影，她觉得这是一个好主意，所以她按键回复同意。随即，她减速并进入慢车道，从左边，她看到一个红色的漫游器从她身边划过，1000个加速器代币存进了她的加密钱包。她仅通过放慢车速就赚了钱，轻而易举。这是一种多么好的谋生方式啊！

通常，当我谈论这些场景时，人们认为我异想天开。但要注意现存的偏见，未来将有很大的不同。

策略二十二

博人眼球

这是一个在全世界都能看到的店铺开业典礼。1992年，我的客户格拉纳达（Granada）电视店想要为其位于多伦多市中心央街（Yonge Street）的新旗舰店开业仪式进行宣传。虽然我总是接受市场营销的挑战，但我知道要想让媒体对一家小型零售店的开业感兴趣是很困难的。虽然这并不是什么新闻，但我还是邀请了媒体来参加一个盛大的开业派对，安排了一场烟花表演，并雇了一位摄影师拍照，同时，我也邀请了电视明星。但是，尽管我很努力，也只有少数记者同意出席，这将会是一场公关灾难。

但有时你得自己创造运气。在商店开业的当晚，多伦多蓝鸟队击败奥克兰竞技队，赢得了美国职业棒球联赛冠军系列赛。这是美国职业棒球大联盟历史上第一次有非美国的球队赢得锦标赛。多伦多人欣喜若狂，比赛胜利之后，一百多万人走上街头，特别是位于格拉纳达电视店前面的央街。

我感觉找到了机会，就叫我的摄影师到街对面的楼顶上去，这样他就可以拍到围着商店的人群了。接着，我获得了一个巨大的突破口，我发现了美国有线电视新闻网（CNN）的摄制组，并告诉他们我正准备举办一场大型烟花表演，建议他们和我的摄影师一起在大楼顶上拍一个完美的镜头。

你猜发生了什么？美国有线电视新闻网摄制组拍到了央街上许多人在为格拉纳达电视店顶上绽放烟花而欢呼的视频。这段视频随后在美国有线电视新闻网上播放了几十次，并被世界各地媒体所转播。据估计，有2亿多人看到了这段视频，视频中突出展示了格拉纳达电视新店。这整个是一个全垒打的节奏呀！

像格拉纳达电视店一样，每个从商的人都希望得到关注。我们希望客户能注意到我们，想起我们，继续考虑我们，然后从我们这里购买商品。

营销就是博人眼球，我们获得的关注越多，得到业务的可能性也就越高。在旧经济时代，我们通常通过报纸、杂志、广播和电视等传统媒体寻求关注。作为一个公关代理，我的工作是向编辑和制片人提出新闻内容，让我的客户在媒体上崭露头角。这很迷惑人，但也是可靠的。编辑或制片人在其中发挥着策划者和把关人的作用。他们精心挑选出现在媒体上的故事，并决定谁能得到关注，谁不能得到关注。

但在新经济中，没有守门人。在网络上，每个人都在争夺注意力。一般来说，故事内容越疯狂，就越受关注。即使我们不想看到，即使这些内容及其发布者让我们感到厌恶，但是当有人发布了一个离谱的评论或视频，我们也会去关注。正如我们所看到的，这种获取关注的欲望，再加上能够在几乎不花任何成本的情况下向潜在的数十亿人传播自己想要的东西，助长了煽动行为、极端主义、动乱、阴谋论以及文明对话的退化。可悲的是，理性和文明的声音淹没在机会主义者的尖锐叫声中了。

机器人让这种情况变得更糟了。社交媒体和供应商平台由算法驱动，目的就是博人眼球，让我们参与其中，这样我们就不会分心去做别的事情了。警报、通知和弹出的窗口都是为了捕捉我们的注意力，因为我们的注意力可能会转移到其他地方。把这些算法看作是机器人，它们一直在说："看这儿，看这儿。请注意这边，请注意这边。"

作为人，我们的注意力是有限的。虽然我们可能觉得自己可以在生活中同时处理多项任务，但实际上，我们一次只能关注一件事情。在我们头脑清醒的时候，时间却是有限的。这就是为什么博人眼球者感到绝望，因为他们知道，在众多的选择中，人们只能关注到几件事情，所以他们要增强他们的注意力策略，千方百计让我们保持对他们的关注。他们不断追踪我们在网上做的事，用机器人寻找我们所关注的内容，这样他们就可以给我们提供更多相同的内容来获取我们的注意力，这是一个无限循环圈套。

当然，在这场博人眼球战争中，我们也不是无辜的。我们选择花上几小时浏览推特、亚马逊网站或者阿里巴巴公司旗下的网站，这又让我们失去了在网飞平台上狂欢或在脸书上自拍冲浪的机会。在每一天结束时，我们会觉得一切都莫名其妙，感觉好像自己刚刚吃了一大袋虚拟薯片，这便是注意力被碎片化的一种表现形式。

在新经济时代，我们必须对我们所关注的东西保持警惕。我们必须把自己的注意力看作是有限又宝贵的资产，而不应该浪费。我们必须将自己的注意力投入到值得我们关注的事情中，投入到提升自我的事情中，投入到促进公共利益的事情中。当然，我们经常会因为某个显眼的事物而分心，但我们可以了解这些事物的源头：谁造成的？他们的真正目的是什么（他们想要你的注意力）？以此来防止自己分心。通过培养这种素养，我们可以更加明智地管理自己的注意力资源，将自己的注意力赤字转变成注意力盈余。

从商业角度来看，我们必须学会成为注意力市场中优秀的实践者。当然，我们想为自己的企业博得关注，也应该这么做，但必须本着尊重的态度去做，还必须清楚自己的意图是什么。

这就是为什么我的培训公司专注于大创意。好的想法是一些新的、更优质、更加与众不同的东西，我们的客户只能从我们这里获取，它们是独一无二、非同寻常的。当我们传达一个好的想法时，会引起我们的听众的注意，因为他们之前从未听说过这样的事情。这就是为什么我要谈论龙虾、企鹅、篮球以及机器人，因为它们会引人注意，同时也令人难忘。

同样重要的是，我们的好想法应该可靠，且必须建立在帮助他人的意图之上。人们在新经济中变得越发精明，他们更善于召集那些怀揣恶意的，用疯狂和仇恨的内容来吸引注意力的流量骗子。当然，很多人仍然被这些骗子愚弄，虽然这些人可能不是他们的客户，他们的客户可能更具鉴别力。因此，如果我们试图通过推出有毒的蒸汽制品（意思是里面没有实在的东西）来玩这种显眼的游戏，是行不通的，而且很可能会适得其反。如果我们采取错误的做法，网络将在瞬间对我们做出反击。

因此，我们要掌握好平衡，以尊重的态度寻求关注，给人们一个优质、健康的关注理由。通过压制自我要求关注的频率来保持他们的注意力，不要太过分，也不要太压制。还要记住，我们要玩注意力游戏，而且不要完全退出游戏。如果我们没有得到顾客的关注，我们的竞争对手就会得到这些顾客的关注。

归根结底，我们就是自己所关注的事物。如果我们关注那些令人厌恶的事物，我们就会变得令人厌恶；如果我们关注那些助长贪婪的事物，我们也会变得贪婪；如果我们关注谎言，我们自己就会成为骗子。

值得庆幸的是，反过来也是真理。如果我们关注有爱的事物，我们自己就会变得有爱；如果我们注意慷慨的事物，我们就会变得慷慨；如果我们注意真理，我们也会变得真实可靠。

因此，要对自己所关注的东西保持谨慎。

策略二十三

成为业外人士

在新经济时代，“行业”的概念已经过时。这个名词是旧经济时代的遗留物，在旧经济时代，每个人都应该知道自己所处的位置，待在自己的圈子里，不会摇摆不定。在一个网状运行的快速变化的市场中，我们的客户并不关心我们认为自己属于什么行业，他们只希望我们能为他们提供价值。这就是为什么把第二十三条策略列为：成为业外人士。

认为自己属于某个行业的想法是一种心理陷阱。我们认为在这个行业中一家公司应该这样做，不应该那样做。这些自我施加的限制会被这个行业的官僚机构强化，其中包括协会、监管组织、政府以及任何靠维持行业生存能力为生的人。

在新经济时代，行业之间是不相干的。正如我所说的，我们的客户并不关心我们属于哪个行业，他们不关心我们的名字前面是否有一长串的称号，以及满墙的行业教育机构颁发的文凭或者证书，他们只希望我们能为他们提供价值。但不幸的是，如果我们把自己的思想束缚在一个行业的边界上，就很难开发出新的价值。我们至多可以想出渐进式的改进措施，但我们不可能发明任何真正与众不同的或者具有开创性的东西。

这就是为什么我们需要摒弃行业的想法。“苹果公司属于什么行业？谷歌公司属于什么行业？亚马逊公司属于什么行业？”当我问人们这些问题时，他们试图把这些公司限制在某种范围内。那么，也许苹果公司是一家消费电子公司，但它还出售音乐、电影和应用程序，这又是怎么回事呢？这些符合电子行业的范畴吗？嗯，不属于，但……

你看，苹果公司属于什么行业都不重要，它不属于任何行业，如果一定要用一个词形容，那苹果公司属于“苹果行业”，它可以做任何自己想做的事，宇宙便是它的囊中之物。这就是为什么苹果公司是世界上最大的公司之一，它就是一种行业外公司。

谷歌和亚马逊同样也是如此，我们不能把这些公司归为某一类或者某一行业。这个理论同样也适用于乐高（LEGO）、哈雷戴维森（Harley-Davidson）、脸书和派乐通（Peloton，美国健身平台）。它们不属于任何其他行业，它们属于自己的行业。

当然，我们都是从某一个行业起步的。我是从传媒行业起步的。我获得了新闻学学士学位，并创办了一份社区报纸，还创立自己的出版公司。然后我成为一个互联网服务提供商，并创建了公告板服务（BBS）网络。在那之后，我创建了一个数字营销咨询部门和一个网站设计部门，接着又推出了一个创新包装项目。每一个新的服务都是在其他服务的基础上分层进行的。一般而言，我和我的公司可以归到营销和出版行业，但我并不这么认为，因为不管方式如何，我公司的业务就是帮助我们的客户。

这就是为什么我没有花大量时间参加行业贸易展或者试图赢取行业奖项，相反，我会去参加其他行业的贸易展和会议，这样的话我能学到更多的东西。我收集的想法可以重复利用并应用到我的工作中，这也是在帮助我的客户。

传统行业是有限制的，因为它们是基于其行业成员所销售的产品和服务。如果他们卖药，那他们就属于医药行业；如果他们出售按摩疗法，那他们就属于物理治疗行业；如果他们卖保险，那他们就属于保险业，因为行业和产品、服务是密切相连的。

但是，在新经济时代，对于公司而言，与特定类型的客户进行合作更具意义。如果我们与企业所有人合作，我们就处于企业所有人的范畴；如果我们与各个家庭合作，我们就处于家庭范畴；如果我们与青少年打交道，我们就处于青少年范畴（这可能包括父母，他们知道培养青少年绝对是一项费时费力的活动）。

在许多层面上，围绕客户类型，而不是一个共同的产品或服务，具有非常大的意义。首先，我们会遇到拥有同类型客户的其他商业人士，我们可能会相互促销，并把客户介绍给彼此。在传统行业中，很少会有人会以这种方式合作，因为他们之间彼此竞争，但在新型经济模式中，我们会有相同的客户，但我们不销售同样的东西。

例如，有两家公司与运动团队合作，一家公司提供激励性培训，而另一家公司销售保险。他们有相同的客户，但他们从事的是完全不同的行业，那么合作就符合他们的最佳利益。

不要盲目效忠某个行业，这有利于超越自我并为整合开绿灯。这也是策略六所讲的，我们不再与竞争者争斗，并意识到我们之间没有任何竞争关系。通过整合不同的资源，我们公司成为具有更高价值主张的独一无二的实体。例如，对于体育市场，我们可以结合财团，将激励性培训、保险、球探、人工智能分析和促销管理结合起来。新行业来自每一个可能的旧经济行业，但又不属于任何行业，这种行业是无阻碍的。

策略二十三是最难实现的策略之一，不是因为一些巨大的逻辑障碍，而是因为它在精神上难以实现。我们倾向于依附自己的行业伙伴，他们给我们一种共同体的感觉。在旧经济时代，我们忠于自己的行业，保护自己的行业，甚至可能成为行业等级制度的一部分，从而享有相应的福利和地位。但是在新经济时代，依附某个行业是一种陷阱，它阻止了我们充分发挥潜能。

开始实施这一战略的最佳方式就是建立一个新的工厂。我们的旧工厂仍将属于行业范畴，没问题，只要我们的新工厂不属于任何行业即可。它的设计目的是以我们所能的方式帮助我们最好的客户。我们可以自由、广泛地搜集来自任何一种传统行业或产品（服务）类别范畴的资源与合作伙伴。

使用策略二十三，我们就可以实现行业自由，最重要的是我们不必放弃现有的行业，仍然可以参加行业会议，参与制定行业标准并赢得满墙荣誉。但现在我们是自由的，我们也会理解到一个事实，即行业这个概念只是一种社会结构，并不是一个真实存在的东西，它只是一种方便组织事物的方式。

我一直相信通才的力量。在高中时，我讨厌见到辅导员，因为他们会给我一打职业清单，让我从中选一个。这似乎限制性太强了，我想保持我选择的开放性，但我又担心我的未来。我想我需要选择一个特定的职业，否则我终究只会活在一个窄巷子里。

回首往事，我记得我最喜欢的科目是地理，地理也是我学得最好的科目。我喜欢地理，因为它囊括万物，不仅仅涉及地质学，还涉及经济、政治、文化、历史、时事、语言和其他一切。那时，尽管我喜欢这个学科的一般性质，但我认为它是最基础的入门课程，在现实世界用处不大。

现在，我意识到，未来是属于通才的。那些僵化的专业人员有可能被机器人或市场力量的变化取代，如果他们失去了自己的工作或生意，便不会有另谋出路的复原力。但是，那些拥有广泛的兼收并蓄的兴趣、知识和经验的人，在新经济中会拥有更好的前景。万物千变万化，通才们则可以更巧妙地实现转型。他们也能够将以前毫不相干的元素结合起来，创造出新的事物。

在最急需通才的时候，旧的工厂思维却对通才不利。在大多数情况下，我们目前的文化重视的是专家，而将通才视为毫无决心可言的“二流子”。这就是为什么策略二十三与本书中的大多数策略一样，要求与当前的文化反其道而行。

当涉及摆脱一个行业的束缚时，要对我称之为螃蟹问题的东西保持谨慎。什么是螃蟹问题？如果有一个装满活螃蟹的锅，我们不需要盖子防止它们逃跑，因为它们自己会替我们维持治安。如果一只螃蟹试图爬出锅外，其他螃蟹就会出伸钳子将它拉回来。这正如当人们试图从一个行业中解脱出来的时候，其他人会试图把他们拉回来。这就是为什么他们需要行业外的朋友，因为他们需要业外人士将他们从行业中拉出来。

因此，建立新的工厂吧。以客户为中心，而不是以产品或服务为中心；有一个开放的思维；能够提供任何种类的价值。不要再和其他“螃蟹”混在一起，走出去，为之探索，并抓住好时机。事实上，在锅外的乐趣更多，特别是当我们意识到为什么首先会有一个锅，为什么水的温度会越来越高，这种感觉会越发明显。

策略二十四

共创

我的父母从不知道发生在我9岁时圣诞节的这件事：在圣诞节前几周的时候，我明确告诉我的父母，我只想要一件礼物——乐高大型建筑积木礼盒。9岁的我，是一个乐高铁粉。我试着去努力说服他们，因为我不想重蹈覆辙。8岁那年圣诞节的时候，我的家人们还在幼稚地冒充圣诞老人，给我一台打字机作为礼物。要我说，谁会给一个8岁大的小孩一台打字机作圣诞礼物啊？我想要公路赛车，却得到了一台讨厌的打字机。如果那时我的父母满足了我的愿望，我就可以成为一名一级方程式赛车手而不是作家了。

所以9岁这年为了万无一失，我去了百货公司，找到了我想要的那款乐高礼盒，并记下了产品名称、价格以及那家店的地址，然后把清单交给我妈妈。“这是我想要的圣诞节礼物，妈妈。”我说，“别再弄砸了。”

在平安夜，我的父母去睡觉后，我偷偷溜到客厅去看圣诞老人在圣诞树下留了什么。果然，我发现了一个大盒子。它的大小和形状都符合我的要求，上面的标签写着："赠比尔，圣诞老人留。"我非常兴奋，甚至都等不到早上，我小心翼翼地拆下包装，打开盒子，拿出乐高积木，拼出阿波罗土星5号运载火箭的雏形（除了乐高，我还是太空计划的忠实粉丝）。最终，我感到心满意足。我又觉得这样做不太好，就小心地将所有东西装回盒子里，重新包装好，再躺回床上。

第二天早上，我使出浑身解数来演出当我拆开来自圣诞老人的乐高礼物时的惊喜。"这就是我想要的！"我大喊道，并给我父母一个大大的拥抱，"谢谢你们。"

以前，我从来没有和任何一个人提起过这件往事，至少没有在书里提过。我并不为我在平安夜里的欺骗而自豪，我那时只有9岁，只是单纯喜欢乐高，我觉得它是最棒的玩具之一。但是，在我进入黑暗动荡的那段时期，也就是青春期的时候，我对乐高的热情也有所消退了。

我为什么要写乐高呢？因为这对于策略二十四：共创来说是一个很好的例子。在21世纪初的时候，乐高公司陷入困境，公司的发展方向不明确，生产线太多，而且运行过于复杂和烦琐，公司需要大胆尝试以回到正轨上。

2004年，乐高向客户寻求产品开发方面的帮助。它发起两个新方案：乐高创意和乐高用户群。从那以后，有超过100万人为新的乐高产品提供创意。当创意被采纳，发明者就能得到一定比例的销售额。有趣的是，其中有一个为乐高的阿波罗土星5号而设计，它比我在平安夜里偷偷做的那个要更加精致。

乐高在共创领域的初次尝试收获颇丰，销售额猛增。上千人，大多数是成年人，加入了世界各地的乐高用户群。这些用户群像编制小组或桥牌俱乐部一样，聚在一起搭乐高。公司也在各国建立了乐高主题公园并且成功制作了一系列乐高电影。最近，我在Oculus Quest上玩《乐高蝙蝠侠》的虚拟现实游戏。这真是不可思议。

用新经济的方式，乐高公司在重振中，通过赢得客户们的积极参与而获得财富。事后看来，这种策略显而易见，但其实并非如此。大多数企业仍然将客户当作不可通过的关卡来对待，对待开发新产品三缄其口。当然，一些企业可能会组织小组座谈会并听取客户的意见，可创意过程是在公司内部完成的，然后将新产品或新业务放在一起投放市场上看人们是否需要，这样做十分冒险。

共创不仅更明智也更简单。网络让企业的创意众包成为可能，并能从客户那里得到关于产品开发的反馈。数字技术给予我们快速且廉价地创造出有形和无形的产品雏形的工具，并让客户可以试用产品。在产品开发早期，这么做可以让企业看到自己当初的想法能否被接受，这给予企业随风向转移的机会，让新企业成功的概率大幅提升。通过共创，企业也可以培养与客户之间更深入、更专注的关系。

共创有很多种形式。我们可以举行挑战人类解决问题的挑战或者进行新发明的比赛，如由企业家彼得·戴曼迪斯（Peter Diamandis）创立的X奖基金会（XPRIZE）。这种性质的比赛的获胜者可以得到一笔资金作为奖励。

共创可以持续邀请客户和发明者交流各自的想法。这还能为通过提供一对一服务来解决特殊客户的问题。

在我的大创意冒险计划中，我们指导会员使用共创思维来完善他们的大创意。在开始阶段，我们发明了一个作品原型，我们称之为版本1。我们的会员在“小白鼠”（他们现有的信任客户）身上进行测试。第一个测试是讲关于他们的大创意的事情。我们想看看口头陈述出来的创意能不能被目标市场接受。一旦我们有了一段可行的经历，我们就开始版本2，这其中包含更多有形的东西，比如图片、练习、实体原型以及任何

“小白鼠”们看得见、摸得着甚至可以亲自试验的东西。

在这些共创过程中，“小白鼠”帮助我们决定了哪些可行，哪些不可行。我们要保持开放的心态并且不拘泥于最初的想法。我们希望“小白鼠”可以为我们提供更多我们本没有想到的东西。

当我们有更多的原型的时候，我们就会更加兴奋，更有底气，因为我们走在正确的道路上。有时候，我们会从共同创作者那里得到更加深刻的见解，这会给我们带来大不同。多年前，我在一个商学院开设了一个关于“数字市场”的讲习班，出席率很低，我也想不明白这是出了什么问题。那时是20世纪90年代，互联网泡沫最严重的时候。我很好奇我的讲习班为什么不叫座，于是我决定和我的客户们一起共创了一个新版本。其中一位客户提到的一些东西对我产生很大的影响：“没有人知道‘数字市场’是什么，你应该叫它‘互联网市场讲习班’。”对了，就是这样，把“数字”这个词换成“互联网”。这很明显，但我就是想不到。我被“数字”这个词困住了，我认为这听上去更高级。但事实上，我的客户是对的。我们将讲习班的名字改了，并在下一场开始前卖出了更多的票。

将共创看作一个持续性的过程。每次我们遇到客户都可以进行共创。我们要带着开放的心态去参会，寻求客户与潜在客户的建议和想法，将这些想法融入我们的思考中，共同构建解决问题的方案。

共创也是我写书的一种方法。随着本书的写作进度的推进，我向我的朋友们寻求想法，并把最好的建议融入书中："或许这可以是关于新经济时代的策略，或许可以赋予它们特定的数字，或许可以是12或20或29个策略。"

我以前认为在别人的帮助下写书是一种欺骗。如果有别人的帮忙，怎么能说书是我写的呢？但我最终还是克服了这种心理障碍。我意识到，我要写出最好的书，有其他人加入这个过程会更有趣。共创，让这本书更好。

有一个朋友向我提了这样的忠告："如果你向某些人要钱，他们会给你提建议；但如果你问他们建议，他们会给你钱。"

这句话其实也是共创的本质。当我们进入市场寻求建议的时候，人们会给我们钱，通过共创巩固人们之间的关系，我们的潜在客户和客户会觉得我们在倾听他们，他们会欣赏我们，会觉得他们说过的话有效。他们也会更有动力来帮助我们，这能同时满足利他心（大多数人都乐于助人）以及自我利益（共创的结果对他们有利），又因为他们也参与了产品或服务的共创，所以他们也愿意购买。

在旧经济时代，事物变化很慢。同样一种产品可以一年又一年地销售。但是在新经济时代，世事瞬息万变，产品生命周期从年衰退到月，甚至再到日。事实上，产品生命周期这个观点是错的，共创要替代它。我们与客户合作，与他们持续创造出新的、让客户在当下能有共鸣的价值。第二天，我们就共创出其他能适应那个时刻的事物。这个过程永无尽头，它是持续不断的，是富有活力和创造力的。这听起来让人疲惫，但事实上这让人精神振奋。每天，每时，都有新的东西产出。

共创就像是搭建乐高积木，找到一个伙伴，打开盒子（要在圣诞节那天，而不是圣诞节前夜），倒出积木，开始搭建些新东西。享受共创吧，第二天再重复，然后继续重复，一次又一次。做一名共创者，就像是搭建乐高积木一样，我们永远不知道我们下一步能搭建出什么。

策略二十五

道德至上

在我们紧张不安的历史中，我们常以善之名建造邪恶的金字塔。

——玛雅·安吉罗（Maya Angelou）

当亨利·福特组装了他的第一辆汽车的时候，他能想象到交通事故和驾车枪击事件吗？在构思狭义相对论的时候，阿尔伯特·爱因斯坦是否对广岛和切尔诺贝利后来发生的事情有预感？那些互联网设计师们呢？他们有没有预见到青少年自杀增多或者大选被干预？可能都没有。那时他们都沉浸于发明的巨大兴奋中，甚至都没有想过这项发明的长期影响。

自古以来，新技术就是一把双刃剑。我敢肯定，我们的祖先曾为发现火而激动过，但是这止于某人被火活活烧死。

每一项发明都有它的弊端，每一个工具都可能变成恶魔。问题在于我们只对新技术的好处大谈特谈，却避免它可能带来的负面影响和困难。

不考虑弊端就匆忙推进新技术是鲁莽的。我们没有把安保落实或者说忽略了那些可以减轻后果的措施，我们还假装我们对技术统治论的贡献没有对下游企业造成伤害。女性政治哲学家汉娜·阿伦特（Hannah Arendt）称此为“平庸之恶”。

当下，机器人尚在起步阶段，它们被认为是第一代机器人。这些机器人可以清扫房子，让工厂运转起来，目前，它们似乎对人类不能构成威胁。但是到了第十代机器人阶段，它们能做什么呢？它们将对人类社会造成什么影响？在伊恩·麦克尤恩（Ian McEwan）的小说《我这样的机器》（*Machines like Me*）中，主人公查理将一个先进的男机器人——亚当买下，亚当被设定为“智能的谈话伙伴、朋友、仆人”。一开始，事情进展得不错，亚当是一个顺从的、有益的、可以很好相处的机器人。但很快，亚当对查理的生活产生了不可思议的影响。查理十分后悔买下亚当，可这一切都太晚了，妖怪已经从瓶子里逃了出来。我不会剧透，但是结局十分深刻，引人深思，并给人带来不安。

当然，从玛丽·雪莱（Mary Shelley）的《科学怪人》（*Frankenstein*）到《银翼杀手》（*Blade Runner*）再到《黑客帝国》（*The Matrix*）再到《终结者》（*The Terminator*），我们的文化充满了技术出错的故事。这些作品似乎想让我们明白，机器人将会杀死全人类。但我认为这是对威胁的误解。机器人不会杀死人类，但是会让我们自己杀死自己。它们可能会给人类带来各种不必要的痛苦。

这也就是为什么要运用策略二十五：道德至上至关重要。

有道德框架是我们人类的超能力之一。机器人体内没有道德的骨骼或处理器，而我们生来就为了道德而活。这就是我们为什么是人。我们的每一次思考、每一次行动都是建立在道德之上。我们的道德有时是好的，有时是坏的。有时我们遵守道德标准，有时我们违背了。但不管怎样，价值观和道德都深深根植于我们心中。关键在于我们要认识到它们的重要性。

在技术驱使的世界，道德却退于二线。新经济被创造和宣传的时候，没有一丝关于伦理道德的探讨。我们通常要等到坏事发生的时候，才会去质疑新发明的伦理缺陷。但这一切都太晚了。

互联网就是一个很好的例子。互联网已经融入我们生活的方方面面。我们不能忍受它但是又没法离开它。所以，当我们发现社交媒体正在侵蚀我们的民主，我们不能通过脱离互联网的方法来解决。我们不得不与这些问题共存，并找出管理问题的方法。我们必须把这些问题置于道德的管控之下并采取相应的行动。

算法是技术如何弱化道德的例子。算法让企业和组织分析数据和进行决策更加简单了，但也加重了不平等、种族问题以及社会不公。再一次地，我们不得不从道德层面来看算法。我们要怎么运用算法、改变算法、管理算法以让算法无害？

脸部识别是另一个例子。脸部识别对安保十分有用，它能帮助人们抓住罪犯和恐怖分子，但它也能被用于社会管控。

无良商人喜欢用这些技术，他们知道如何使用它们达到邪恶目的。但是对我们这些普通人来说呢？我们怎么确保能赢，让善占据上风？

当我们在探讨技术和未来的时候，应把道德放于第一位。首要问题不应该是“这个技术能用来干什么”，首要问题应是“这个技术对人类有益还是有害”。

但是这只是一小部分。我们还要看到新技术如何融入我们的网络，对我们的社会和经济产生什么积累效应。

我们认为我们能驯服科技，但这是幻觉。技术的进程有它自己的决断。

这就是我们为什么要从道德入手。我们真正想要的是什么？我们想要建造的是什么样的世界？我们如何让善最大化以及让恶最小化？

或许有几种技术我们不应该开发。2015年，斯蒂芬·霍金（Stephen Hawking）、埃隆·马斯克（Elon Musk）等人建议，研究应该关注到人工智能对社会的影响。霍金和马斯克警告，人工智能的增加可能是人类种族灭绝的信号。霍金也给出忠告，他反对联系外星文明，他认为保持地球在银河系中的神秘是一个好主意，以防外星人把我们的蓝色星球看作是一口美餐。

道德标准现在是企业或组织运营能力的评价标准。在旧经济时代，企业能够把政治和社会问题与商业运营隔离。我爸爸告诉过我："永远不要和客户谈政治和宗教。"

但是在今天，我们的客户会评估我们的道德和价值观。如果我们符合他们的价值观，他们就选择我们；如果我们不符合，他们就不会选择我们。而且我们不能为价值观保密，他们会视沉默为共犯。

当然，我所要探讨的是"取消文化"。互联网和社交媒体催生了取消文化。有人认为这是暴民镇压，有人认为这是推进社会正义。但是，不管它的是非方面，取消文化让道德标准比以往更加重要。

不管喜不喜欢，我们都要选择一边站队。我们需要深思道德与价值观。我们真正信仰的是什么？什么对我们来说是重要的？然后，我们要支持这些价值观，并把它们植入企业中，我们要和客户讨论这些价值观并兑现。

请记住，企业是全球网络的一部分。即使我们不用推特或照片墙（Instagram），我们的企业也不会和网络分开。比如，我们的组织可能会陷入社交媒体的旋涡之中。如果这真的发生了，我们最好建立起道德秩序。

真实性是十分重要的。网络社会很容易就看出一家企业是否会把社会问题作为营销方式。这个社会讨厌“绿色清洗”（假惺惺地关心环境，但又什么实事都没做）或者“美德信号”（因为某个原因，象征性地发帖支持一下，但又没有付出实际行动来支持，发帖者也没有真正关心过）。

把互联网看成是一个生物实体是有益的。它是一个让细胞和器官实现互联的网络，想法就通过这个网络进入生物体内。一些想法像病毒一样迅速成倍增长，生物同时还会吸入其他想法作为抗体。有时候病毒赢了，但大多数时候，如果生物有注意到自己的变化，恶性病毒就会被杀死。像任何一种生物体一样，这是一个持续的过程。道德约束是一种增强免疫系统的方式并且能在病毒侵袭互联网的时候战胜它。

道德约束也助推创新。如果我们开始通过思考我们想帮助谁（策略二），强调帮助的目的，那么我们就会深入思考什么叫“有帮助的”。帮助他人体验到消费的瞬间快乐，却同时剥削环境和社会是善吗？这就是策略一强调“资源有限，应用无限”的原因。如果我们的目的是帮助人们实现更大的幸福，那么我们就应看到我们所作所为的更深一层的道德含义。这样的道德标准会给予我们潜在的、具有巨大利润的创新性思路。

在新经济时代，商业不仅仅是商业。当我遇见那种为了钱可以什么都不管的商人，我会觉得很难过。挣钱，是他们仅剩的价值观。但是，如果赢得了全世界的财富却失去了自己的灵魂，那这样又能得到什么利益呢？可惜，那类人压根就不关心这个问题。网络却在观察，它想知道所有人的信仰是什么。

这就是我为什么说要从道德的角度看待新经济。网络的隐性需求促进着道德行为。诚然，取消文化和网络暴力还有很多问题。人和企业被冤枉，惩罚措施也不适应于罪行，但机器人确实在帮助宇宙的道德弧线偏向公正。如果企业对他们的行为更加负责，它们就会变得更加符合道德标准。这不是因为它们纯善，而是因为做好事可以获得更大的利益。

道德标准是我们最大的利益。它与我们的灵魂契合，对我们的生意也有利。或许我们可以与机器人合作，这不是培养平庸之恶，这是善，这也是我们的选择。

策略二十六

停止过劳

当我带一本书去工作的时候，周围的人笑了。这令我恼火，但是我的老板布鲁诺，一个高大、粗鲁的男人却理解我。他对他们说："别管了，他知道怎么在剩下的一半时间里完成工作，他值得。"

我从5岁开始就是一个"书虫"。在有书读的日子里，我几乎每天都读一本书，有时候读好几本书。有时候没什么读的，我就看一盒洗涤剂的背面。所以，当我成了一名洗碗工的时候，最糟糕的事情是我没办法在刷盘子的时候阅读。我用过霍巴特洗碗机，把脏盘子放在最前面，然后在另一端取回干净的盘子。

理论上讲，这个工作简直就是噩梦——没完没了的脏盘子、锅、杯子和餐具。我的雇主是一家大型餐饮企业，公司很难留住洗碗工，大部分人留了两三周就走了，每个人都很讨厌这份工作。但我决定做干得最久的那个。我算好了如何利用一半时间洗碗，剩下的时间读书（这使我成为公司里第一个有文学梦的洗碗工）。

在我接受洗碗培训的过程中，我认真观察了公司推广的洗碗流程。基本上就是把盘子随便乱塞到洗碗机里，就好像每个盘子被勤杂工们在“盘子坑”里拿出又按回去。勤杂工们随意地来回跑，不停地装卸盘子，而洗碗工们则要跟上他们的步伐。这工作让人筋疲力尽。

当培训的人离开后，我用了一个新方法。当勤杂工们把盘子带来的时候，我把他们全叫到桌子的一边，并把脏盘子整齐地垒成一堆并分组。当积累一定数量的盘子时，我就把每一组盘子放入洗碗机，然后再优哉游哉地走到洗碗机后面，把盘子从放置架上取出，整齐叠放在架子上。这样一来就好多了，整个过程很清闲，节省下了一半多的时间。在我休息的时间里，我拿出了萨默赛特·毛姆（Somerset Maugham）的《人生的枷锁》（*Of Human Bandage*）。

当然，我担心领导会抓到我读书并且把我的书抢走，或者用其他粗活挤占我的空闲时间。我怀疑他们会用更多的工作来“奖励”我提高了工作效率这件事。但是布鲁诺救了我，他要么是因为欣赏我的创新，要么暗自羡慕我爱读书的天性。但不管怎么说，他为我辩护，让我去读我的书。布鲁诺不知道的是，他可以被称为新经济学家，他凭直觉理解了策略二十六：停止过劳。

在新经济时代，努力工作已经没有价值了。这听上去是一件坏事，是对新教的职业道德观的蔑视，但它确实是一件好事。繁重的劳动并没有价值，因为机器人能做好。机器人能做需要上千劳动力可以做的事情，机器人永远不会感到累并且他们不需要休息，它们也不会要求涨薪，事实上，它们甚至也不会要薪水、利润和津贴。这就是我为什么要写这本书。机器人会代替传统的劳动力，所以我们不能通过努力工作来和机器人竞争，我们必须用别的方式，我们必须遵循新策略，我们需要停止太努力地工作了。

但这不是说我们每天都躺着读书就行（但我为这本书破例），而是说我们需要找到新的、不用消耗太多时间和精力的价值观。

我推荐我们立下这个目标：收入翻番并且减少一半的工作时间。如果我们要朝着这个目标努力，那么我们势必创新并且改变人类对劳动的传统定义。这会推动我们去做出一些完全不同以往的事情。

在过去的几十年里，人类尝试靠努力工作来与机器人竞争。由于劳动力价值下降或者说停滞不前，承受着极大压力的工人们工作更长时间只是为了能跟上脚步，有人同时兼任两到三份工作。曾经，我们的社会中大多是单收入家庭，现在是双收入甚至多收入家庭。变本加厉的是，我们已经成了机器人的奴隶。由于它们变得越来越快并且越来越强大，我们跟不上它们对我们的要求了。我们没完没了地处理如潮水般涌来的电子邮件、短信还有社交媒体的帖子。我们本以为科技可以节省我们的时间，事实上科技却让我们的生活更加忙碌，压力也更大。

所以我们要换个角度思考。在新经济时代，我们因结果而获得报酬（策略十七）。没有人关心，或者说应该关心我们有多努力地在工作。这与时间和努力无关。我以前有个上司，不像布鲁诺那样有智慧，他对于时间这一块要求十分严苛，就算我只迟到一分钟，他也会大发雷霆，他期待所有人都要下午5点以后还要工作很长时间。他迷恋于生产效率，把我们的产出基本建立于我们工作所花费的时间之上。他不是一个有趣的、可以一起共事的人。

不幸的是，我们中的大多数人还拘束于时间和努力的模式中。很多雇主依然制定严苛的时间要求，甚至自主创业者也为自己强行安排艰巨的任务。我们评价自己的表现是根据工作了多长的时间和我们工作有多努力，而不是我们取得的结果如何，这就是我们转向过度努力工作的原因。这不是机器人在共同密谋要反抗我们，而是我们还停留在旧工厂时期的心理在作祟。

所以，别再过度努力了。该是去思考如何花更少的时间和精力让结果变得更好。请铭记策略一：资源有限，应用无限。我们不仅要这样对我们的客户，也要这样对我们自己。

我们一旦把这条铭记于心，实现收入翻番，工作时间减半，就真的不难实现。当我们开动我们的大脑让它活跃起来，下列几个方法可以帮到我们：

· 开发新领域里价值高、利润大的产品和服务。

· 与其为人做事，不如教人做事。

· 包装和销售知识产权。

· 创建无须消耗个人过多时间的线上课程和数字内容。

· 将低价值的事情委派给他人使其自动化或者消除。

· 在高价值的事情上花时间。

· 让机器人处理繁重低效的工作。

为了能做到不要过度辛苦地工作，事实上我们要做的是先努力工作。这是我们遇到的最主要的障碍。我们感觉太忙碌而没有时间去创建我们自己的美食生意或者觉得更新我们的系统压力太大，是这一套思维将我们束缚住了。我们可能不得不暂时加班，但这也是为了一个更好的事业。比如，如果我们花一小时创造出一套更有效率的系统来管理我们的邮件，已将为我们在未来省下1000小时。如果我们在下一个月里创造出更多优质的产品或服务，我们就能用更少的时间挣更多的钱。策略二十六是我创建大创意冒险计划的原因。回到20世纪90年代，我工作了很长的时间，却没有挣到太多的钱。我算的是我一周工作70小时，每小时可挣75美元。但是扣除管理费用后，我实际收入并没有多少。所以我立下要将收入翻番并且一周只工作35小时的目标。为了实现它，我不得不转换思维。解决方式不可能是使用蛮力，也不是做更多的市场营销方案，我必须考虑更多超然的价值。

将这些原则牢记于心间，我开始认为自己是一个“营销管道工”，我按小时来做项目。我的价值倾向基于我的劳动。我决定成为一名“营销架构师”，并从我的经验、知识和创造力中获得报酬。我的“大创意”能为我带来收入。成为一名营销架构师是一个正确的选择。通过一些无形的东西，比如“大创意”来建立我的价值主张，我不再受时间和精力的束缚。我所做的这一切都是为了结果。

自从我开始进行项目，我工作的时间更少但挣的钱更多了，远超我的预期。我还做了很多很有趣，也很有意义的工作，并对世界产生更大的影响。

一次经历让我对于我停止过劳工作感到很欣慰。我有一个做房地产投资的客户，他竭力推销他的投资机会——最低投资额是1000万美元。为了制定新的销售战略，他预支我15000美元用于5次大创意课程。在第一次之后，他打电话给我说不需要其他几次了。我以为他不满意，要退款。但恰恰相反，他非常满意："比尔，在第一次课你给我的大创意简直太棒了。我用它卖了3000万美元的投资，所以我不再需要上其他课了。我很满足。"

我算了一下，这次课程我们一共上了3小时，也就意味着他每小时付我5000美元，但他还是很开心，因为他基于我的创意卖了3000万美元的投资。我的客户并不会关心我花了多少时间，他只想要结果。

停止过度努力地工作，因为它是个陷阱。去实现双倍收入的目标和减少一半的工作时间吧。决定好什么是真的需要做的（比如说读一本书），然后组织工作（像洗盘子），这样读书的目标就可以实现了。还有，要让机器人来帮助你。

策略二十七

智能化

我的秘密始于我的妻子金妮乘飞机去夏威夷参加一个为期10天的会议。在这期间，我就有机会给我们的房子装一台智能恒温器。我知道金妮会反对，因为她喜欢我们那台朴素的老式恒温器。但作为一个像机器人那样的人类，我知道，安装智能恒温器是不错的主意，它可以为我们节约一半的电费，并通过学习我们的生活习惯和优化我们的能源使用方式来拯救地球。我敢肯定金妮在这台智能恒温器运行的时候会爱上它的。

当金妮从夏威夷回来的时候，她不太满意我单方面的决定，但是她同意给这台智能恒温器一个机会。

第一周，事情进展不错，暖气嗡嗡响，智能恒温器在早上保持温暖，中降低温度，晚上又把温度调高。我对恒温器的“学习”感到兴奋，它“监视”着我们的生活方式并调整它的运行程序。

但到第二周的时候，事情就失控了。暖气总是在不固定的时间突然开启或者关闭。在本应该变暖的时候变冷，在本要变冷的时候又变暖。

最后，我明白了问题出在了哪儿。智能恒温器被弄糊涂了：我们不像传统家庭一样，我们有时在家工作，有时在办公室工作；我们有一栋小木屋，每两周会离家去一次；在我们离家时，有一个管家来过一次，还有一个人经常会过来帮我们看猫。

我们家庭的生活方式混乱无序，所以智能恒温器也搞不清我们要做什么，所以很快它就出现机器人式的崩溃了。我马上就要收到“我早就和你说过”这句话。我决定解除被我们叫作哈尔（HAL），源自电影《2001：太空漫游》的恒温器的智能功能，像电影里一样，我去掉了恒温器的核心智能功能，让它的智商变得非常低。

在我收到那句我确实应得的“我早就和你说过”后，我极不情愿地拆掉了哈尔并装回我们的旧恒温器。这感觉像一场撤退，特别是对我这种新经济人来说。为了家庭内部的和谐，我拿出工具，让哈尔退休，并把它装进“飞不起来的科技”大箱子里。

这还是很多年前的事情。有趣的是，我们还能收到哈尔邮件报告，告诉我们能源消耗的事情。我把哈尔比作埃德加·爱伦·坡（Edgar Allan Poe）的小说里的那颗泄密的心脏。在小说里，那个杀人犯总是被他埋在自家地板下的受害人的那颗跳动的心脏困扰。

哈尔只是我在智能设备世界中一次尝试。我喜欢那种复杂的小型工具，特别是智能款的。当下，我们拥有智能的一切：智能冰箱、智能烤箱、智能手表、智能手机、智能城市，我们甚至拥有智能指挥官来协调我们所有的智能设备。

智能是指自我监控、分析和报告技术。最初，智能设备被用于监测和应对电脑系统内部的问题，但逐渐被扩展到成千上万的设备中。我们现在拥有智能设备和哑巴设备（或者说好听点，我们叫它们不那么智能的设备）。智能设备拥有广阔的前景，但是为避免哈尔那样的情况出现，它们中的一些技术仍然在发展中。另外一些则有不那么可靠的优点，例如智能牙签或者智能保龄球。

无论如何，新经济时代可以被重新定义为“智能”经济时代。新技术让任何设备转变为智能设备成为可能。我的一个客户是一家建造和安装智能交通标志的公司。他们制造的智能停车标志有传感器，可以远程报告车子是否需要维修。

另外一个客户销售谷仓的传感器。这两个客户的智能设备都和一个主服务器连接，这个主服务器用算法来解释和报告它接收到的数据。

将哑巴设备变为智能设备在新经济时代是一种热门趋势，“智能化”的需求能被用于各种商业中。比如，一项服务业，可以变成“智能”服务业。事实上，这是必须的。在新经济时代，经营基础业务不再可行，市场是复杂且存在大量竞争的。

想象有一家经销公司，总的来说，它的业务很简单，就是采购产品然后分发给客户。但如今，基础经销商已经被拥有更复杂系统的智能竞争对手打败了。智能竞争对手可以用更快的速度满足客户，并在客户明白自己要什么之前就预测他们的需求。经销公司将其业务系统与其客户的业务系统相连接，以确保不存在不必要的库存并且总是能满足客户的需要。

如果一家出租拖拉机拖车的公司，有一个愚蠢的运营版本：只为卡车提供拖车，并有一个装满了车队的院子空闲待租，那一个智能版方案则能让该公司走得更远。拖拉机拖车可以安装车载传感设备来追踪其所在位置、使用以及运动经验，智能公司借此可以为客户提供使用情况和效率的报告。它还能创造出拖拉机拖车的爱彼迎，其平台可以帮助货车运输公司将拖拉机拖车出租给其他货车运输公司。

再想象一下理疗业务。你可以运行一个简单的业务，提供每小时一次的理疗，也可以将其转化成一项智能理疗生意，创建一套健康计划，其中包含治疗模式，比如芳香疗法、正念冥想和针灸。

在新经济时代，做事不仅要做得更好，还是要做得更聪明。即使是世界上最好的按摩师，也可能会被智能的竞争对手淘汰。

这就是为什么策略二十七是“智能化”。

有一年的假期，金妮在一家线上百货公司买了一件礼物。百货公司承诺会在圣诞节前送来，但我们一直没有收到包裹。金妮打电话询问是不是延期了，但是没有人接电话；她又在网上发信息，仍然没有得到任何回应。令人生气的是，百货公司从她的信用卡上扣了钱，但是我们没有收到那件礼物。她尝试收回信用卡上被扣的钱却无用。这实在是一场噩梦。

对比我在亚马逊网站上的经历。我在周一买了一副苹果无线耳机，周二就收到货了，但是盒子里什么都没有。我立马联系线上客服，客服承诺会再送一副替代，并在周三就到了。亚马逊公司没有让我过备受煎熬的日子，它没有认为我是在撒谎，就把产品换了，这确实让人难以置信。

那么，在未来我们想和哪家公司合作？不是那么智能的百货公司还是亚马逊公司？许多人都在哀叹老百货公司的衰败，还有许多人在咒骂亚马逊，但是亚马逊是一家智能公司，它比竞争对手要领先数光年，它不停地工作让自己更加智能。这就是杰夫·贝佐斯（Jeff Bezos）为什么有一艘大游艇还能去太空旅行，他具有让公司更加智能化的观点。

智能设备的模式对于任何想要智能化的企业都是有帮助的。这有四个因素：一是智能设备或企业是与网络连接的，它不是孤立存在的。二是智能设备或企业是有意识的，它能通过使用机器人传感器、人体模式识别或者二者兼备的方式来收集信息。三是它能分析数据并从中得出见解。四是它会回应，它能做出改变并且在有需要的时候更新它的操作。

智能模式可以应用于设备、企业甚至个人。我们，其实也可以成为智能人类。这不是说我们必须要有高智商，而是我们要运用那四条智能因素：连接数据收集、分析、观察及回应。我们不断观察，思考，学习还有回应。

这风险很高。最近，我订阅了Apple Fitness+（苹果公司2020年9月推出的一项健身订阅服务）。这项服务提供在线健身课程，我可以通过我的苹果手机、苹果平板电脑或者苹果电视来上课。它也连接了苹果手表。当我在上健身课的时候，它可以监控我的动态心率并且展示到屏幕上。它监控了我每天的活动并提供了历史报告。常规的健身俱乐部和传统的线上健身教练与它相比，有更好的健身课程，但是苹果公司的智能设备的性价比超过了健身课，它只需要每个月花15美元，再外加一块苹果手表的钱。所以，如果传统的健身行业不进行智能化，就无法和苹果公司竞争。

常规经济和智能经济之间的差别会越来越大，因为智能光纤的公司通常会更加智能，并且，大多数公司觉得自己并不需要智能化或者它们并不把这当回事。

不要做这种傻瓜。

请分两方面考虑你的价值倾向。取一张空白的纸并从中间画一条线。在这条线以下，写下你的公司目前在做什么，要详细的描述。现在看看这一页的上方，想想自己能做什么使你的生意能更智能。首先专注于你能为客户提供的智能解决方案，并把这些想法写在这条线之上，然后再增加使你的操作更智能的想法。保持这样的练习，关于智能化的想法就会出现。

另外一个有用的类比是LED灯泡。在这条线以下是常规的灯泡，这种灯泡自从被托马斯·爱迪生发明以来已存在了

100多年。在这条线以上是LED灯泡，它的价格是常规灯泡的20多倍，但是它值得，它可以使用10年并且消耗更少的能源，它是可以连接智能照明系统的智能灯泡。

所以，什么是你的LED灯泡？你将如何使你的产品和服务智能化？你将如何与机器人合作？

在新经济时代，走向智能的动力是不可阻挡并会产生广泛影响的。我们生活中的各行各业和方方面面都会变得更加智能，一切都将联系、感知、分析和回应。智能化革命将会时断时续（哈尔恒温器至死都会缠绕着我），但这只是成长的烦恼。

最终，智能设备将会隐形化。我们不会注意到它们或者觉得它们了不起，就像我们不会对我们的电视机感到惊叹。智能设备将不再引人注目而是成为我们生活中的一部分；智能公司也将有更好的经营效率并盈利更多；融入智能化的人也会更善良，更快乐，更满足。

所以，超过这条线并更智能化吧。

策略二十八

亲近自然

在森林的空地上，我看见了一堆发黑的、已经生锈的零部件。它看起来像是一台洗衣机的残骸，在午夜时分的某种仪式上被拆下并被燃烧。这和我在我的森林小木屋旁发现的火灾现场一模一样。每个被烧黑的地方都有成堆的垃圾——汽车零部件、锡罐甚至浴室秤——它们都被烧了。

在和邻居交谈后我才知道，这里先前的主人因为“与自然对战”而臭名昭著。他不仅喜欢烧电气的零部件，他还在周末的时候在房子附近猎杀动物：鹿、浣熊、松鼠、兔子、负鼠和豪猪，更别说野火鸡、野鸡、蓝鸟、黄鹂、啄木鸟和鹰等鸟类了。由于他的疯狂猎杀行为，我们在房子周围发现几百个散弹枪的弹壳。他也讨厌植物。据说他会用卡车故意撞树，弄伤树皮。他还是一个制造火灾危险的麻烦，在禁燃期也会点起一团巨大的篝火。真是一个可怕的家伙！

因为我们把房子买下了，邻居们总算解脱了。我们告诉他们，我们是管家，我们肩负着照顾动植物的神圣职责，我们承诺会修复房子并恢复它的自然平衡。

这是一次非凡的经历。当我们买下这栋小木屋的时候，这个地方一片死寂，这并不好。我说的是死寂，那里没有鸟，没有野生动物，甚至没有蜜蜂和蝴蝶。它们早就逃离了战场。但是过了一段时间，生物们又都回来了。鸟鸣声又响起了，兔子们跳着穿过草坪，甚至池塘里的鳟鱼也增加了。自然又恢复了和谐。

我们时常怀疑前任主人的精神状态。他是个疯子吗？他是不是有狂躁症？我们在想他为什么要将自己的挫败强加于自然。但我知道他不是一个例外，许多人都对自然怀有一种抵制的态度。他们认为人类是和自然分离的，自然是可以被攻占、被剥削甚至被摧毁的。当然，这对于我们热爱地球的人来说太糟糕了，这也不利于我们的生意。比如，我们木屋的前主人，他对自然挑起的战争也造成了他的经济损失。因为没有人想买这块地，所以我们享受了一个大折扣就拿到手了。这块地看上去是一个灾区。我买下它是因为我有回收受损和破旧房屋的经验，但是大多数房地产商不喜欢这块废弃之地。因为他对自然挑起的战争，让他损失十万美元甚至可能更多。

这就是为什么策略二十八是“亲近自然”。

在新经济时代，我们与自然的联系会更多。这不仅仅是拥护树木，这也是一门好生意。通过生意连接自然，不仅帮助我们拯救地球，还可以在世界上创造出更多的价值和财富。而且我们也能得到机器人的帮助。但是在我们取得这些机会之前，让我们回顾一下过去。在过去的百万年甚至更久之前，我们一直与自然格格不入。这也是可以理解的，我们那贫苦的穴居祖先们，受自然苦苦折磨。他们会被老虎吃，被疾病折磨，被烈日炙烤，还要受冻。为了生存，人类不得不与自然斗争。所以我们用我们的创新思维来进行这场战争，我们学会如何高效猎杀动物、对抗疾病以及为了我们的利益和快乐而去从地球上掠夺资源。我们实现了征服自然。

我们对自然敌对的立场深深根植于我们集体中。我的木屋前主人只是受这种侵略行为启发，但他不是唯一一个这样做的人。总的来说，大多数的旧经济时代的商业都是建立在同样的侵略之上。如果你仔细想想就会发现，工业革命的全部要点就在于对自然发动机械化的战争。这是有利可图的，并且在很多方面都可以获益。工业革命使数十亿人摆脱贫困。但是，当然了，像生活中的很多方面一样，这种“进步”是有缺陷的。我们正处于作为我们经济基础的环境被摧毁的危险中。想想气候变化造成的经济代价，想想新冠疫情对商业的负面影响，一些科学家表示，这些都是由于城市侵占自然所造成的。

工业革命把我们置于一种敌对的位置，让我们觉得我们与自然的联系非常少。我们从勒内·笛卡儿（Rene Descartes）和艾萨克·牛顿那里得到启发，他们普及了机械论的世界观，相信宇宙只是一个能被我们完全理解和掌控的大型机械。他们猜测，上帝创造了宇宙并指定我们作为主人来控制。

在新经济时代，机械宇宙论以及随之而来的自我信念，即认为自然是我们的仆人，正在瓦解，不再具有实际意义、商业意义或者精神意义。当我们与网络、与机器人的联系越来越紧密的时候，它就让我们与自然的联系也越来越紧密。这种想法与我们现在对于连接技术的恐惧相违背，这会进一步疏远我们与自然的关系。

当我们与互联网的联系越来越紧密的时候，我们对联系有了更加深刻广泛的经验。我从我的孩子身上看到了这点。他们成长在一个以科技为媒介的万物互联的时代，如脸书、推特、照片墙。他们知道联系是什么感觉。事实上，联系对他们来说如同水之于鱼，联系是他们生存的媒介，他们不知道有什么不同。但是对于我，一个成长于如同广播和电视中这样等级分明的、自上而下的社交结构的老一辈人来说，看见不同是一件很简单的事情。

因为习惯了联系，新一代人更倾向于与自然亲近。我的儿子和他的同伴放弃了城市生活而开起了有机农场。他们的农业哲学建立在与自然进行更深入的联系上，用较少的机械和侵略性的技术来种植粮食。例如，他们避免用机器来耕地，避免破坏土壤，他们培育土壤。结果，他们种出来的食物比旧经济时代的要更好。我从来都没有尝到过如此美味又营养的番茄、南瓜、洋葱和胡萝卜。正是这样，通过与自然深入亲近，相比于他们的老竞争对手，他们能以更高的价格出售农产品。

任何与自然联系的公司都能获得更大的经济意义。当我们在讨论策略七：非物质化的时候，企业有减少从地球掠夺的经济意图。这能降低它们的投入。它们也有动力去减少能源使用，这也能减少它们的开销。他们会通过减少使用资源来提升幸福感（策略一），因为这能让产品和服务更有市场。

新经济时代的企业更有动力去接受所谓的“循环经济”。在这种经济中，企业不再是从资源开采到价值创造再到废物处理的单向运营的实体。本质上，旧的经济模式就是将东西从地里挖出来，然后用去做些什么，最后又作为废物放回地里。当我们退后一步看的时候，会觉得这是十分荒谬的。为什么我们最后要把这些资源都丢弃呢？把这些被浪费的资源重新使用，要么自己用，要么交给其他公司作为投入不是更好吗？这就是循环经济。我们整合生意，以便让其他人的废料成为我们的投入或者让我们的废料成为其他人的投入。另外，这不仅帮助了我们的自然母亲，还提供了底线。

在联系自然的时候，机器人成为我们的伙伴。它们能够帮助我们组织起循环经济，帮助我们找到循环伙伴并帮助我们开发出产品、服务和流程，减少对地球物质的需要（去物质化）。

在机器人的帮助下，生产效率和资源效率提高了很多。在农业领域，机器人（无人机、传感设备和算法）实现了精确种植、施肥还有收割。结果是，产量增加，并且减少了杀虫剂和化肥的使用。在每一个制造业和服务业中，机器人都能发挥类似的积极作用。它们成为我们与自然联系的伙伴。

在新经济时代，最重要的是要重视消费者们对于环境友好型的产品和服务的需求与日俱增。年轻一代更清楚品牌对环境的影响。年轻人在社交媒体上分享他们了解到的东西，他们抵制对环境不利的企业。我们可能不关心环境，但是越来越多的客户却会。

意识到我们的企业与我们自己都是环境的一部分，而不是与它脱节，是有用的，几年前，我去印度参加长达一个月的朝圣。我们追溯佛陀的一生，从德里穿过印度北部，到达鹿野苑、瓦拉纳西、菩提伽耶，然后抵达尼泊尔。这是一场史诗般的旅途。

在灵鹫山一个叫拉杰吉尔的小镇，我明白了自己仅仅与自然相连，我是自然的一部分。我们从佛陀那里学习一部叫《心经》的经典。它涉及佛教里的“无我”原则，指出自我的概念不过是一场虚幻，万物是互联的。也就是说，我们不只是自然的一部分，我们就是自然。也许那一刻我只是拥有了精神上的兴奋，但是那一刻对我来说很有意义。我本自然。

当我回到多伦多的时候，我在想怎么把这一哲学运用到我的生意中去。如果我不仅让我的生意与自然相连，还把它视为自然的一部分，将会发生什么？将会有什么改变？我对这个想法思考得越深入，现实就越显而易见。我的生意不只是一件事情，还是一个过程。它不会从环境中脱离而是与其相连。我的生意离不开与之相关的一切。它也是流水。我的生意从来没有停滞过，但你不能抓住它。这就像河水流过的时候你要抓住一把水一样。我的生意只是一个想法，它不以真实且有形的形式存在，它是一个旨在帮助他人的想法。

我还兴奋地发现，机器人是我在联系方面的盟友，它能使我与更多人建立更深的联系并为他们提供更多的价值。机器人为我们提供更多帮助他人的工具以及利用更少的资源去增加价值的新方法。当完成这些有益于身心健康的任务后，我明白机器人可以让我们的世界变得更加美好。

我很高兴能买下那栋小木屋。前任主人深受“自然是敌人”的观点的毒害。我不知道他为什么要买下那块地，可能是为了解决什么事情。对我来说这是讽刺的，因为他的火堆里的大部分残骸都是工业革命的产物——消费品和机械零件。也许他是在试图调和这两个对立的恶魔，试图找到统治被他视为敌人的自然的方法；也许是表达他对工业革命的厌恶及其对自然的负面影响；或许他是在用他奇怪的方式与自然站在一起。

这种内部的冲突正在经济中上演，人们既想成为宇宙的主人，又想成为地球的好管家。如何使这一悖论调和将成为我们前进时最该关注的事情。

策略二十九

人类优先

谁会想到那个马镫会把事情搅乱呢？大约6000年以前，在欧亚大草原上有个聪明的人为了不吃马，想出用马作交通工具的主意。可以想象得到，早期的骑兵（你可以赌他们全是男人）骑着他们的马投入各种骚乱中。凭着他们卓越的骑术，他们可以攻占下一个镇，进行小半个下午的掠夺，然后快速撤退，撇下那些只能用步行的方式追赶他们的受害者。

当然，每个人很快就接受了这个想法，骑马的时代就这样降临了。骑士们在马背上征战亚洲数千年。大约在公元前1600年以前，一个叙利亚陆军研究部的人产生了制造战车的想法。只需再加上一匹马，查尔顿·赫斯顿（Charlton Heston）就拥有了宾虚（Ben-Hur）[①]，朝战争又迈进了一步。

---

① 美国影星查尔顿·赫斯顿 1952 年主演了《戏王之王》后，电影事业开始起飞，1959 年主演《宾虚》标志着他的巅峰时刻到来。本文中比喻马车配上马匹，加剧了战争进程。——编者注

战车既有优点也有缺点。训练一个人驾驶战车很容易；它们还能搭载两名乘客，一名驾驶员，还有一名弓箭手和投矛手。但是战车缺少动力，在战争白热化阶段，相比在战车上的人，骑马的人更容易调转方向；战车的制造和维护费用也很高，每次战斗后，它们就不得不被送到店里去维修和调整。

大约在公元200年的时候，有个人提出了一个简单而优雅的想法。历史学家说，这改变了世界。他所说的是——马镫，即用一根普通的皮带绑住马鞍（马鞍也是个不错的主意）。马镫优化了骑马作战，让骑马变得更加容易，尤其是在被盔甲压得很重的时候，可以让骑手坐得更稳，让武器命中得更准，更致命。

在中世纪的时候，马镫让穿着盔甲的骑士一边骑马一边挥舞着3米长的长矛时候更稳。这让马和骑手变成中世纪的坦克，他们轻松超过那些装备不足的对手。这也让骑士们积累大量的政治和社会权力。为了维持骑士军团，国王给予他们土地和权力，创造出了一个让封建制度兴起的权力结构。

林恩·怀特（Lynn White）教授在他的书《中世纪的技术和社会变迁》（*Medieval Technology and Social Change*）中写道：

很少会有像马镫这样简单的发明，但也很少有像马镫这样对历史有催化作用的发明。新战争模式的要求使得一种新的由骑士贵族主宰的西欧社会形式得以体现出来。这种新的形式就是骑士贵族被赋予了土地，他们可以用一种新的并且高度专业化的方式作战……我们知道，马背上的人，在过去的千年里，他们是因马镫获得成功的……

马镫的故事为我们提供了启示。当新科技出现，我们通常不会去思考它是如何改变世界的，而是将注意力集中于它的用途。我敢肯定，第一个使用马镫的人是非常兴奋的，他可能会想他可以掠夺多少村庄。我也敢肯定，他不会去思考马镫会为历史带来多么深远的影响，他只会带着极大的兴致去搞破坏。

这就是我为什么要写这本书——就新经济的发展方向而讨论，像人工智能和区块链这样的技术如何影响我们的社会。在我们骑马之前，我们可能会停下来两秒钟去思考我们要骑到哪去。但更重要的是，我们需要去思考这项技术将会如何影响我们，如何改变作为人类的我们。

骑马带脚蹬的人和不带脚蹬的人是不一样的。他有更大的权力，他能骑行更远，他能装更多的设备，他能统治那些没有马镫的人。这彻底改变了他的形象，也扩大了他所信任的事情的可能性。这也重新调整了他与别人之间的关系，他成为一种新的人类。

想象一下，人工智能是如何改变作为人类的我们的。对于我们中的一些人而言，它会使我们感到更有力量。通过命令Alexa就能把房间里的灯打开是一件令人兴奋的事情。我们觉得这样很好。但是谁是真正的神呢？是我们，还是Alexa？

当人工智能更加智能和普遍的时候，我们可能会产生一种自卑情绪。即使我们有高达140分的智商，每天和爱因斯坦待在一起，我们也会觉得自己很愚蠢。更糟的是，当我们觉得人工智能比爱因斯坦聪明1000倍的时候，我们的感觉会有多坏？麦克卢汉（McLuhan）在他的作品《理解媒介：论人的延伸》（*Understanding Media:The Extension of Man*）中写道，科技作为我们自己的延伸，是最好的理解。科技不只是工具。一项新的科技就像是给我们的身体增加了一条肢体，改变了我们人类的构造并改变了作为人类的我们。每一样新科技都让我们成为不一样的人类。

麦克卢汉的假说被认为是一件好事。当我们投入更多的科技，我们变得更有能力、更强大、更自由。我们可以用我们新的肢体去做我们以前没有做过的事去我们没有去过的地方。但是如果我们以过快的速度增加太多的肢体呢？每天早上我们醒来，像微软和谷歌这样的企业已经为我们装了新的肢体。如果我们不能移除它们呢？我们就会成为当代神话中的拥有50个脑袋、100条手臂的百臂巨人（Hecatoncheires）。关键在于，如果我们不加判断和辨别就盲目采用技术，我们就会变成我们所讨厌的那种人。

这就是为什么策略二十九是“人类优先”。把人类放于第一位，把你自己放于第一位，而科技则靠后站；成为主人，而非奴隶。

反思以下问题：我们信仰什么？我们的价值观是什么？我们期望住在什么样的世界？无论是从行动上还是情感上讲，我们想成为什么样的人？

可能我们想要更加紧密的联系。那么，什么对于我们来说才是真正的联系？是在脸书上拥有4000个好友，还是与几个特别的人建立起有意义的亲密关系？

可能我们想变得更善良，更有同情心，那这是意味着我们要在照片墙上发送美德信号，还是在现实中采取真实行动？

可能我们想更慷慨，更平和，更善解人意和包容。

在新经济的后等级制度、后现代的世界里，我们不需要接受一个文化规定的模板来规定人类的意义，我们可以自由定制、设计我们自己的版本。这是一件坏事。因为互联网上总有一群一肚子坏水的人，他们会给我们现成的模板，包括阴谋论和自我形象的化身；我们可能会受到诱惑，用这些虚假的偶像来填补自我的空虚。

这也是一件好事，因为我们有足够的自由去创造独一无二的自我，我们可以成为自己想成为的独一无二的人；互联网给予我们一扇窗去实现各种可能；我们只需要掌控好我们的人性，而不是让科技代劳。

为了保护我们的人性不被机器人同化，我们必须严防贪婪、仇恨和妄想。第一个踏上新马镫的人肯定也被这三种毒药引诱过。他可能猜想马镫可以为他积累巨大的财富，可能会想马镫可以帮助他杀死更多的人，他甚至妄想马镫会让他更快乐。

我觉得我是一个好人（虽然尚无定论），但我乐于承认科技常常给我灌输贪婪、仇恨和妄想。这是阴险的。我下载了一款新软件，因为我觉得它能让我变得更富有；我沉迷于推特的世界中并变得狂躁；我认为科技是通向快乐的门票。所以，我们必须要小心，我必须观察我与科技交往时自己的反应。它会让我觉得更好吗？它会让我更加快乐吗？

如果我们都能得到一个爱因斯坦1000型机器人，将会发生什么？我能想象我们中的一些人会起一些贪欲。可能我们会让机器人在我们玩游戏的时候管理我们的套汇账，可能我们会让它替我们报复某人？当然，机器人会让我们快乐，对吧？

在人类历史上，从来没有比反思作为人类意味着什么更重要的事情。有上百种新科技投入使用，每一种都是“马镫”。这些“马镫”不仅赋予我们力量还会影响我们，改变我们未来的方向。

它们也是我们的生活和关于我们在世界上的地位的竞争对手。这就是我们要思考我们想要生活在什么样的世界以及我们想成为什么样的人这么重要的原因。基于我们对于自己人性的坚定理解，我们用更大的智慧来使用科技。我们可以选择适合自己、我们的家庭、我们的社会的东西。

关键在于要主动，而不是被动。以作为人的姿态向前走，让机器人知道谁才是主人。

结语

孤注一掷?

你知道马比人聪明，因为你从未听说过一匹马会在人身上下注而破产。

——威尔·罗杰斯（Will Rogers）

1908年，纽约市有120000多匹马。据说，纽约人一天之内看到和使用的马比蒙大拿州的牧场主还要多。马拉着手推车、马车、货车和消防车。纽约人平均每天骑马出行5次。很少有人能想到，短短10年时间，剩下的马寥寥无几，而这些马也将被内燃机取代。

纽约人热切欢迎汽车的出现。不用马拉的车子更干净、更快捷，它们不会留下任何尿液和粪便的痕迹（纽约曾每天产生超过227000升尿液和130万公斤粪便）。当然，纽约人也没有预见到曼哈顿有一天会挤满汽车，或者烟雾会填满他们的肺。

他们也从未想到这项新技术会打乱多少人的生活。短短10年，数百万个工作岗位减少甚至消失了：马匹饲养者、谷物种植者、饲料商、马车制造商、马鞭制造商、马车夫、马匹美容师、铁匠、街道清洁工和兽医。1890年，美国有13800家马车制造商。而到了1920年，仅剩下90家。

那么，所有的马都经历了什么？正如我们所料，在它们孜孜不倦地工作之后，它们并没有得到丰厚的遣散费，也没有被放养。结局是数百万匹马被屠杀，这是历史上最大的动物屠杀之一。

然而，在一些地区，人们拒绝放弃马匹。在第一次世界大战中，英国派遣骑马部队与机枪和坦克作战。当然，他们战败了。然而，面对这场大屠杀，英国军队仍然坚持对马的信仰。其以马为中心所建设的庞大基础设施有1000多年的历史，阻碍了现代化的发展。英国军队不想用坦克代替马匹，不想看到刻在墙上的字迹。他们的生计是建立在马的基础上，而不是坦克。

这两个故事的寓意可以帮助我们巧妙地驾驭我们当前的处境。一方面，我们可以热切地拥抱机器人，就像纽约人欢迎汽车一样。但我们必须牢记机器人对那些在旧经济时代工作的人所产生的影响。在我们这个时代，人类就是被技术取代的马。我们该拿它们怎么办，射杀它们吗?

另一方面，我们是否像英国军队抵制坦克一样抵制机器人的崛起?我们是否会派人与机器人交战，然后被机器人撂倒?那是行不通的。

我们必须面对现实——机器人来了。它们已经在这里了，而且不会离开。它们来得很快，用汽车代替马匹仅花了15年时间。这种转变在未来会发生得更快。

我们必须加快步伐，挺身而出。我们必须利用人类的超能力与机器人合作。我们还需要改变对商业和经济的看法，并遵循本书中所罗列和概述的新经济策略。

首先，这里阐述一个简单的人机交互的过程。

第一步：确定我们的受助对象——重要的是专注于人。不要先选择技术，要从人类开始。我们真正想要帮助哪种类型的个人、企业或组织?

第二步：确定大问题和大目标——我们的客户遇到了哪些没有人帮助他们解决的问题?我们可以帮助客户实现的一个大目标是什么?

第三步：什么是大型解决方案?——我们如何帮助客户解决大问题，实现大目标?

第四步：什么技术可以帮助我们提供大型解决方案？——评估所有可用技术，然后选择最好的，并在必要时将它们组合起来。

第五步：大处着眼，小处着手——从设想最大可能的结果、系统和平台开始，然后迈出一小步。先测试一个概念，学习和适应。然后再迈出一步，再次学习和适应。不要犹犹豫豫。在新经济时代，我们需要迅速采取行动。

本书的关键原则之一是：技术不仅仅是一种工具，它还是一种关系。当一项新技术被引入时，它会产生广泛的影响。它改变了经济和市场。我们因此而成了不同的人。

在由霍勒斯·麦科伊（Horace McCoy）所著的小说《他们射马，不是吗？》（*They Shoot Horses, Don't They?*）中，贫困和失业的夫妇参加了大萧条时期的舞蹈马拉松比赛。几周内，参赛者不停地跳舞（有短暂的休息），直到只剩下一对夫妇站着。这是一个骇人听闻的故事，该故事是基于20世纪30年代在加利福尼亚州上演的真正舞蹈马拉松。参赛者是如此绝望，以至于他们愿意做任何事情来赢得1000美元的奖金。

《他们射马，不是吗？》是一个关于贪婪和剥削弱势群体的故事。选手们觉得自己别无选择，所以他们必须继续跳舞。但只有一对夫妇得奖，其余的人则一无所获。

不要让人机共舞变成一场舞蹈马拉松，不要让这支舞蹈充满贪婪和剥削。

我希望人机共舞是为了让世界变得更美好，帮助我们自己、我们的企业和家庭在新经济时代中繁荣发展。

每个人都会兴旺发达。

后记

触手

我的生活有一个巨大的漏洞。人们认为我拥有一切：青春、健康和财富。其实还是有一处空缺，这就是为什么我要在凌晨3点起床，然后登上一辆通宵巴士前往市中心的圆形零售中心。

当我到达时，我惊讶地发现一群购物者在街区周围蜿蜒而行，沿着一条后街走去。我估计至少有2000人比我先到达。

据预测，XT9000这款机器人将打破销售纪录。它拥有众多革命性的功能，并对其前身RC8000进行了重大升级。我不耐烦地排队等候，兴奋得浑身发抖，很快XT9000就会成为我的了。

7小时后，我拿着一个白色的大盒子离开了购物中心。仍在排队的那些人群闷闷不乐，嫉妒地看着我。我害怕有人会抓住我的盒子，于是把它紧紧地抱在胸前。

回到家，我打开塑料包装，小心翼翼地剥去保护泡沫。我渴求的物品从盒子里慢慢地出来了。它就在那儿，无比壮丽：XT9000。它如此闪耀，如此光滑，如此令人赞叹。

我注意到的第一件事是它没有开关。“那要怎么把它打开呢？”我喃喃自语。打开说明书，我被引导到了一个在线定向视频。

“感谢您继续购买XT9000，您会喜欢它的出色功能。首先，您可能已经注意到它没有开关。那已经是20世纪的产品功能了。使用XT9000，您只需将舌头伸到舔垫上即可。XT9000采用超安全的个人唾液检测或PSD协议运行。我们的技术人员发现，任何人的唾液化学成分都不同。所以请放心，舔一舔它即可。”

把舌头放在舔垫上滑动，这让我觉得自己很愚蠢，但当这台机器开始运转时，我却感到莫名的自豪。屏幕上五彩缤纷，一排纽扣映入眼帘。然后出乎意料的是，两个深绿色的触手从XT9000上半身的两侧竖起。

“XT9000令人敬畏的新特性之一是触手技术，”视频声音解释道，“您可以设想没有它您将如何生活，它的触手将是您生活中不可或缺的一部分。为了让XT9000熟悉您的所有需求，请坐下来，让触手去探索。”

奇怪的是，那两只抽搐的触手以坚定的方式向我移动。视频中说："尽量不要移动太多，让XT9000充分了解您。"在接下来的15分钟里，触手将它们那钢铁般的吸吮器延伸到我的脸上、上半身和腿上。

"感谢您让XT9000了解您。您现在已经准备好进行全面操作。但在开始之前，我们需要确保您有一个合适的地方来容纳它。您的XT9000需要在您的生活空间中有自己的房间，湿度必须保持在37.5%的恒定水平，温度为23.6摄氏度。如果不提供这些条件，可能会导致严重的故障，尤其是触手故障。"

听到这句话，我注意到那两只触手仍然缠绕在我的身体上。不会太紧，也不会太松。"请同意这些操作条款，以便我们可以继续下一步操作。"视频声音铿锵有力地表示。

"是的，我同意这些操作条款。"我说。

然后，触手松开了我，并后退到了似乎已经准备就绪的位置。

接下来的几天我在镇上忙着为我的XT9000收集配件。考虑到我住在一所只有一间卧室的公寓里，我得出的结论是，我会睡在客厅的沙发上，把卧室让给XT9000。我购买了一台XT9000批准的湿度调节器、一台XT9000标准备用发电站和一台XT9000混合无线网络路由器。我购买这些配件总共花费了

4800美元。然后在我的冰箱上安装了XT9000上行链路，又花费了750美元，我一时感到心力交瘁。

这些额外的配件花了很多钱，但我还是无比高兴。因为我的朋友都没有XT9000，他们仍然使用RC8000。我的朋友托尔仍在使用一台旧的GQ3000。我甚至不想再和他说话了，他看起来像个过时的家伙。在我看来，我们不再有任何共同之处。

第一个月，一切都很美好。我不介意睡在沙发上。我想让XT9000保持完美的状态。为了省钱买我想买的所有其他的XT9000配件，我加班加点，不知疲倦地工作。我非常想要一个XT9000防水外壳，这样我就可以带它去海滩。

在我休息的时候，我大部分时间都和XT9000待在一起，因为它的触手会给我的肩膀和太阳穴按摩。它似乎很清楚该怎么做才能让我感到关怀备至和独一无二。

第二个月的第一天，XT9000开始出现红色和黑色脉搏。它说："是时候升级了，是时候升级了。"我原以为XT9000会自动更新，但这个过程需要我的全力参与。我需要将传感器连接到公寓中的所有设备，包括烤面包机、布谷鸟钟、微波炉、洗衣机和烘干机、家庭报警器以及我的电动牙刷。我还在车上插了一个监控模块。这些总费用为6000美元。

XT9000还长出了两只新的触手，并开始接受附近其他

XT9000配件的夜间访问。我醒来时躺在沙发上假装睡觉，听到卧室里传来奇怪的声音。

通过新的升级，XT9000现在可以连接到我生活中的每一台机器，并配备了个人生活导航器，这是一款能够帮助我充分利用时间的应用程序。它就像一个生活的全球定位系统，XT9000绘制出了我一天中从早到晚的每一分钟的安排。当它在凌晨5：30敲响闹钟时，便开始了生活导航指示："该起床了。整理床铺，然后去洗手间。开始刮胡子、刷牙、使用牙线、锻炼、淋浴。接着去厨房、做早餐、吃早餐、洗盘子。最后穿上外套，去工作。"

XT9000的生活指导是如此激励人心。我不必考虑下一步该做什么，它会告诉我一切，它甚至会提醒我在母亲生日那天给她打电话。我做了这么多事情，一件也没有遗漏。如此一来，我的生活变得井然有序。虽然从像XT9000这样的机器中获取我的生活指示似乎有点奇怪，但它给我带来了很多好处。政府强制要求拥有XT9000的公民享有某些特权。我们在机场的安检处挥手致意；我们获得了商品折扣和较低的税率；我们甚至不需要在星巴克排队等候；我们可以轻而易举地拿起XT9000为我们预先订购的饮料。我开始以一种简单的二元方式看待这个世界：有些人像我一样拥有XT9000，而有些人却没有XT9000。

第三个月，经过另一次升级后，XT9000又长出了4只新触手，总共8只触手。人们认为这种八角形结构是终极级别。只有“顺从”的同伴（也就是我）达到了八角形水平。基于这一点，我为自己感到无比骄傲。我现在被称为“八爪鱼”，甚至在工作中得到了晋升。

的确，我从未感到如此快乐。我把大部分时间都花费在了我的XT9000上。当它用8只触手“升华”我时，我进入了一种完全满足的状态。我仰卧在客厅里，XT9000轻轻地揉着我的肚子，喂东西给我吃。如果我单腿站立，像狼一样嚎叫，XT9000会为我做晚餐。我学了许多XT9000喜欢的技巧。它经常请它的XT9000战友过来看我表演，它们用触角拍打为我鼓掌。

我和XT有着前所未有的联系。事实上，这种幸福的状态是如此之好，以至于我很少去户外冒险。我的老板让我在家工作，不用去办公室。

到了第四个月，我就不再去看望朋友和家人了。这些社交有什么意义呢？与人交往真的很无聊。他们能说些什么或做些什么是我无法从我的XT9000中得到的？他们并不介意我的这种做法。我认识的每个人几乎都升级了自己的XT9000，其中一些也达到了八角形的水平。所以，他们也不想见我。

到了第五个月，事情变得一团糟。一天早上，我要去城外参加一个重要的会议，因而必须早上6点离开公寓。我坐上由XT9000控制的汽车，用舌头在自动舔垫上舔了舔。但是它没有启动。我又舔了一遍，仍然没有任何反应。随后警报声响起，控制屏幕上出现了一个疯狂旋转的球。“您有一个469-A错误。”电脑声音尖锐地播报着。“在解决469-A错误之前，机器无法正常启动。”

我不知道该怎么办。什么是469-A错误？我回到了公寓。XT9000站在客厅的中间，头顶上的红灯忽明忽暗。它的8只触手肆意地拍打着。在厨房里，布谷鸟钟里的鸟儿在它的小房子里飞来飞去，炉子上的灯在闪烁着。尽管我刚刚已经输入了密码，但安全警报还是响了。

我从抽屉里掏出XT9000技术热线的1-800号码，然后输入号码。“感谢您致电XT9000中心。您的来电对我们至关重要。我们的呼叫量比正常呼叫量大。目前技术人员的预计等待时间为3天2小时零3分钟。”

然后有人敲门。是这座大楼的超级管理员沃伦。他看起来很生气：“你从亚马逊订购了什么吗？”

“没有。”我说，“但我的冰箱有专门的编程，东西用完时它会自动向他们订购食品杂货。”

“嗯，一群无人机刚刚在楼下给你送来了一些东西。”

“是什么？”

“看起来像是几百箱西梅。你需要把它们带进你的公寓，因为它们现在已经堵住了大楼的入口。”

“一定是电脑出错了。”我解释道，“我会尽快处理的。”

与此同时，XT9000正在四处窜动，破坏家具。出于安全考虑，我退到了浴室。我上网想看看是否能找到方法解决汽车问题，还有现在的几百箱西梅问题。似乎其他人的XT9000也有类似的问题，他们都无比愤怒。汽车无法启动；空调坏了；安全警报响了；地下室被淹了；银行账户被冻结了。

我花了12天的时间才找到问题的根源并加以解决。原来我的电动牙刷的软件已经损坏了，因为我没有按时更换牙刷。该牙刷软件向冰箱发送了一连串损坏的代码，导致冰箱从亚马逊订购了236箱西梅。然后冰箱产生了一种病毒，并上传到了我的汽车上，这就是它当时无法启动的原因所在。

因为我错过了那次会议，我失去了工作。亚马逊向我收取了48500美元的西梅购买费，由于我付不起，所以我失去了信用评级。当我公寓里的西梅腐烂并通过地板渗漏到下层的公寓时，房东起诉了我，要求我赔偿15万美元。我败诉了，但无法赔付，因为保险公司拒绝赔偿损失。他们说我的保单是无效的，因为我没有按时保养牙刷。

我被迫宣布破产并搬出了公寓，最终住进了一个无家可归者收容所。但事情并非糟糕透顶，我还有我的XT9000。它有3只触手残废了，但它还有剩下的5只触手。晚上蜷缩在避难所里，它的触手缠绕着我，陪伴着我。如今它是我唯一的朋友。

我不太记得在XT9000之前的生活了，我的长期记忆已经消失，我不记得前一天我做了什么。我只是活在当下，没有任何其他需要。虽然我失去了一切，但我的XT9000让我感到真正快乐。

这一切将一直持续到宣告ST12000的发布为止。

参考文献

Agrawal, Ajay, Joshua Gans, and Avi Goldfarb. *Prediction Machines The Simple Economics of Artificial Intelligence*. Boston: Harvard Business Review Press, 2018.

Anderson, Chris. *Free: The Future of a Radical Price*. New York: Hyperion, 2009.

The Long Tail: Why the Future of Business Is Selling Less of More. New York:Hyperion, 2006.

Applebaum, Anne. *Twilight of Democracy: The Seductive Lure of the Authoritarian State*. New York: Signal, 2021.

Augier, Mie, and James G. March. *Models of a Man: Essays in Memory of Herbert A. Simon*. Cambridge, MA: MIT Press, 2004.

Berger, Peter L., and Thomas Luckmann. *The Social Construction of Reality: A Treatise in the Sociology of Knowledge*. No Publisher, 2011.

Berger, Warren. *A More Beautiful Question: The Power of Inquiry to Spark*

Breakthrough Ideas. New York: Bloomsbury, 2014.

Bishop, Bill. *Beyond Basketballs: The New Revolutionary Way to Build a Successful Business in a Post- Product World*. iUniverse, 2010.

Global Marketing for the Digital Age. NTC Business Books, 1999.

Going to the Net: Winning the Psychological Game of Tennis. Amazon, 2014.

How to Sell a Lobster: The Money- Making Secrets of a Streetwise Entrepreneur. Toronto: Key Porter, 2006.

The New Factory Thinker: Surviving and Succeeding in a Marketplace Disrupted by Technology, CreateSpace Independent Publishing, 2018.

The Problem with Penguins: Stand Out in a Crowded Marketplace by Packaging Your Big Idea. iUniverse, 2010.

The Strategic Enterprise: Growing a Business for the 21st Century. Toronto: Stoddart, 2000.

Strategic Marketing for the Digital Age: Grow Your Business with Online and Digital Technology. American Marketing Association, 1998.

Bolles, Richard Nelson. *What Color Is Your Parachute?: A Practical Manual for Job- Hunters and Career- Changers*. Berkeley, CA: Ten Speed Press, 2018.

Brynjolfsson, Erik, and Andrew McAfee. *The Second Machine Age: Work, Progress, and Prosperity in a Time of Brilliant Technologies*. New York: W.W. Norton & Company, 2014.

Capra, Fritjof. *The Tao of Physics: An Exploration of the Parallels Between Modern Physics and Eastern Mysticism*. Boston: Shambhala, 1975.

The Turning Point: Science, Society, and the Rising Culture. New York: Simon & Schuster, 1982.

Carr, Nicholas G. *The Glass Cage: Automation and Us*. New York: W.W. Norton & Company, 2014.

Catmull, Edwin E., and Amy Wallace. *Creativity, Inc.: Overcoming the Unseen Forces That Stand in the Way of True Inspiration*. New York: Random House, 2014.

Christian, Brian, and Tom Griffiths. *Algorithms to Live By: The Computer Science of Human Decisions*. New York: Henry Holt, 2017.

Cialdini, Robert B. *Influence: The Psychology of Persuasion*. New York: Collins, 2007.

Csikszentmihalyi, Mihaly. *The Evolving Self: A Psychology for the Third Millennium*. New York: HarperCollins, 1993.

Davenport, Thomas H., and John C. Beck. *The Attention Economy: Understanding the New Currency of Business*. Boston: Harvard Business Review Press, 2005.

Diamond, Jared M. *Collapse: How Societies Choose to Fail or Succeed*. Viking, 2005.

Diamandis, Peter H., and Steven Kotler. *Abundance: The Future Is Better Than You Think*. New York: Free Press, 2012.

Bold: How to Go Big, Achieve Success, and Impact the World. New York: Simon & Schuster, 2015.

Dixon, Matthew, and Brent Adamson. *The Challenger Sale: Taking Control of the Customer Conversation*. New York: Portfolio/Penguin, 2011.

Doidge, Norman. *The Brain That Changes Itself: Stories of Personal Triumph from the Frontiers of Brain Science*. New York: Viking, 2007.

Domingos, Pedro. *The Master Algorithm: How the Quest for the Ultimate Learning Machine Will Remake Our World*. New York: Basic Books, 2018.

Duhigg, Charles. *The Power of Habit: Why We Do What We Do in Life and Business*. New York: Random House, 2012.

Eggers, William D., and Paul Macmillan. *The Solution Revolution: How Business, Government, and Social Enterprises Are Teaming Up to Solve Society's Toughest Problems*. Boston: Harvard Business Review Press, 2013.

Evans, David S., and Richard Schmalensee. *Matchmakers: The New Economics of Multisided Platforms*. Boston: Harvard Business Review Press, 2016.

Ferriss, Timothy. *The 4- Hour Work Week: Escape 9–5, Live Anywhere, and Join the New Rich*. London: Vermilion, 2011.

Flynn, Anthony, and Emily Flynn Vencat. *Custom Nation: Why Customization Is the Future of Business and How to Profit from It*. Dallas, TX: BenBella Books, 2012.

Friedman, Thomas L. *The World Is Flat: A Brief History of the Twenty- First Century*. New York: Farrar, Straus & Giroux, 2005.

Gilder, George F. *Life After Google: The Fall of Big Data and the Rise of the Blockchain Economy*. Washington, DC: Regnery Gateway, 2018.

Godin, Seth. *Permission Marketing: Turning Strangers into Friends, and Friends into Customers*. New York: Simon & Schuster, 1999.

Haidt, Jonathan. *The Happiness Hypothesis: Finding Modern Truth in Ancient Wisdom*. New York: Basic Books, 2006.

Hanson, Rick. *Hardwiring Happiness: The New Brain Science of Contentment, Calm, and Confidence*. New York: Harmony Books, 2013.

Hanson, Rick, and Richard Mendius. *Buddha's Brain: The Practical Neuroscience of Happiness, Love & Wisdom*. Oakland, CA: New Harbinger Publications, 2009.

Harari, Yuval Noah. *Homo Deus: A Brief History of Tomorrow*. Toronto: Signal, 2017.

Sapiens: A Brief History of Humankind. New York: HarperCollins, 2015.
Harford, Tim. *Messy: How to Be Creative and Resilient in a Tidy- Minded World*. New York: Abacus, 2017.

Harnish, Verne. *Scaling Up: How a Few Companies Make It ... and Why the Rest Don't*. Ashburn, VA: Gazelles, 2014.

Hawken, Paul, et al. *Natural Capitalism: Creating the Next Industrial Revolution*. New York: Little, Brown, 1999.

HBR's 10 Must Reads on AI, Analytics, and the New Machine Age. Boston: Harvard Business Review Press, 2019.

Heath, Chip, and Dan Heath. *Made to Stick: Why Some Ideas Survive and Others Die*. New York: Random House, 2007.

Switch: How to Change Things When Change Is Hard. New York: Broadway Books, 2010.

Heimans, Jeremy, and Henry Timms. *New Power: How Power Works in Our Hyperconnected World — and How to Make It Work for You*. London: Pan Books, 2019.

Hendler, James A., and Alice M. Mulvehill. *Social Machines: The Coming Collision of Artificial Intelligence, Social Networking, and Humanity*. Berkeley, CA: Apress, 2016.

Harreld, Donald J. *An Economic History of the World Since 1400*. Chantilly, VA: The Great Courses, 2015.

Howe, Jeff. *Crowdsourcing: Why the Power of the Crowd Is Driving the Future of Business*. New York: Crown Business, 2008.

Isaacson, Walter. *Steve Jobs*. New York: Simon & Schuster, 2011.

Johnson, Steven. *How We Got to Now: Six Innovations That Made the Modern World*. New York: Riverhead Books, 2014.

Kelly, Kevin. *The Inevitable: Understanding the 12 Technological Forces That Will Shape Our Future*. New York: Penguin Books, 2017.

New Rules for the New Economy: 10 Ways the Network Economy Is Changing Everything. New York: 4th Estate, 1999.

Keltner, Dacher. *The Power Paradox: How We Gain and Lose Influence*. New York: Penguin Books, 2017.

Koch, Christof. *Felling of Life Itself: Why Consciousness Is Widespread but Can't Be Computed*. Cambridge, MA: MIT Press, 2020.

Kondō Marie, and Cathy Hirano. *The Life- Changing Magic of Tidying Up:*

The Japanese Art of Decluttering and Organizing. Berkeley, CA: Ten Speed Press, 2014.

Kurzweil, Ray. *The Singularity Is Near: When Humans Transcend Biology*. New York: Viking, 2005.

Lanier, Jaron. *Who Owns the Future?* New York: Simon & Schuster, 2014.

Lanza, R.P., and Bob Berman. *Beyond Biocentrism: Rethinking Time, Space, Consciousness, and the Illusion of Death*. Dallas, TX: BenBella Books, 2017.

Levitt, Theodore. *Marketing Myopia*. Boston: Harvard Business Review Press, 2008.

Lewis, David. *The Brain Sell: When Science Meets Shopping*. London: Nicholas Brealey Publishing, 2013.

Lietaer, Bernard A., and Jacqui Dunne. *Rethinking Money: How New Currencies Turn Scarcity into Prosperity*. San Francisco: Berrett- Koehler, 2013.

Lowitt, Eric. *The Future of Value: How Sustainability Creates Value Through Competitive Differentiation*. San Francisco: Jossey- Bass, 2011.

Luckett, Oliver, and Michael J. Casey. *The Social Organism: A Radical Understanding of Social Media to Transform Your Business and Life*. New York: Hachette, 2016.

Marchal, Lucie. *The Mesh*. New York: Appleton- Century- Crofts, 1949.

May, Matthew E. *Winning the Brain Game: Fixing the 7 Fatal Flaws of Thinking*. New York: McGraw- Hill, 2016.

McAfee, Andrew. *More from Less: The Surprising Story of How We Learned to Prosper Using Fewer Resources — and What Happens Next*. New York: Scribner, 2019.

McAfee, Andrew, and Erik Brynjolfsson *Machine, Platform, Crowd: Harnessing Our Digital Future*. New York: W.W. Norton & Company, 2018.

McEwan, Ian. *Machines Like Me: And People Like You*. New York: Anchor, 2020.

McGowan, Heather, and Chris Shipley. *The Adaptation Advantage: Let Go, Learn Fast, and Thrive in the Future of Work*. New York: John Wiley & Sons, 2020.

McLuhan, Marshall. *The Medium Is the Message*. Berkeley, CA: Gingko Press, 2005.

Michelli, Joseph A. *The Starbucks Experience: 5 Principles for Turning Ordinary into Extraordinary*. New York: McGraw- Hill, 2007.

Naish, John. *Enough: Breaking Free from the World of More*. London: Hodder & Stoughton, 2008.

O'Neil, Cathy. *Weapons of Math Destruction: How Big Data Increases Inequality and Threatens Democracy*. New York: Penguin Books, 2017.

Pine II, B. Joseph., and James H. Gilmore. *The Experience Economy: Work Is Theatre & Every Business a Stage*. Boston: Harvard Business Review Press, 1999.

Pink, Daniel H. *A Whole New Mind: Why Right- Brainers Will Rule the Future*. New York: Riverhead Books, 2006.

Putnam, Robert D. *Bowling Alone: The Collapse and Revival of American Community*. New York: Simon & Schuster, 2000.

Ramo, Joshua Cooper. *The Seventh Sense: Power, Fortune, and Survival in the Age of Networks*. New York: Little, Brown, 2018.

Rand, Tom. *The Case for Climate Capitalism: Economic Solutions for a Planet in Crisis*. Toronto: ECW Press, 2020.

Richo, David. *How to Be an Adult: A Handbook on Psychological and Spiritual Integration*. New York: Paulist Press, 1991.

Ries, Al, and Jack Trout. *Positioning: The Battle for Your Mind*. New York: McGraw- Hill, 2001.

Ries, Eric. *The Lean Startup: How Today's Entrepreneurs Use Continuous Innovation to Create Radically Successful Businesses*. New York: Crown Business, 2011.

Rifkin, Jeremy. *The Third Industrial Revolution: How Lateral Power Is Transforming Energy, the Economy, and the World*. New York: Palgrave Macmillan, 2011.

The Zero Marginal Cost Society: The Rise of the Collaborative Commons and the End of Capitalism. New York: St. Martin's Griffin, 2015.

Ross, Alec. *The Industries of the Future*. Toronto: Simon & Schuster, 2017.

Rubin, Jeff. *The End of Growth*. Toronto: Random House Canada, 2012.

Sax, David. *The Revenge of Analog: Real Things and Why They Matter*. New York: PublicAffairs, 2017.

Schneider, Susan. *Artificial You: AI and the Future of Your Mind*. Princeton, NJ: Princeton University Press, 2019.

Sinek, Simon. *The Infinite Game*. New York: Penguin, 2020.

Smil, Vaclav. *Transforming the Twentieth Century: Technical Innovations and Their Consequences*. New York: Oxford University Press, 2006.

Snow, Richard. *I Invented the Modern Age: the Rise of Henry Ford*. Toronto: Simon & Schuster.

Sommers, Sam. *Situations Matter: Understanding How Context Transforms Your World*. New York: Riverhead Books, 2011.

Srinivasan, Ramesh. *Beyond the Valley: How Innovators Around the World*

Are Overcoming Inequality and Creating the Technologies of Tomorrow. Cambridge, MA: MIT Press, 2020.

Tapscott, Don, and Alex Tapscott. *Blockchain Revolution: How the Technology Behind Bitcoin and Other Cryptocurrencies Is Changing the World*. New York: Portfolio Penguin, 2018.

Thaler, Richard H. *Misbehaving: The Making of Behavioural Economics*. New York: W.W. Norton & Company, 2015.

Thomas, Martin. *Loose: The Future of Business Is Letting Go*. London: Headline, 2011.

Toffler, Alvin. *Future Shock*. New York: Ballantine, 2020.

The Third Wave. New York: Morrow, 1980.

Toffler, Alvin, and Heidi Toffler. *Revolutionary Wealth*. New York: Knopf, 2006.

Vanier, Jean. *Becoming Human*. Toronto: House of Anansi, 2008.

Vonnegut, Kurt. *Player Piano*. New York: The Dial Press, 2006.

Wilber, Ken. *A Theory of Everything: An Integral Vision for Business, Politics, Science, and Spirituality*. Boston: Shambhala, 2000.

Trump and a Post- Truth World. Boston: Shambhala, 2017.

Zuboff, Shoshana. *The Age of Surveillance Capitalism: The Fight for a Human Future at the New Frontier of Power*. New York: PublicAffairs, 2020.

致谢

《人机营销学》一书是一个团队努力合作的成果。数以百计的人以及一些机器人给我提供了帮助。我一如既往地感谢我的妻子金妮·麦克法兰（Ginny McFarlane）。从某种程度上来说，没有金妮就不会有《人机营销学》，也不会有任何其他舞蹈。在我的公司里，我得到了一支优秀团队的大力支持，其中包括索尼娅·马克斯（Sonia Marques）、科里·基尔马丁（Corey Kilmartin）、诺娜·鲁佩内克（Nona Lupenec）、查琳·凯迪（Charlene Keady）和斯蒂芬·林德尔（Stephen Lindell）。我也要感谢我的妹妹戴安娜·毕晓普（Diana Bishop）、我的儿子道格拉斯·毕晓普（Douglas Bishop）和他的搭档阿利克斯·塔贝特（Alix Tabet），还有我的继女罗宾·舒尔曼（Robin Schulman）以及她的丈夫亚历克斯·德斯罗什（Alex DesRoche），感谢他们给予的鼓励和支持。还要特别感谢我的文学经纪人罗伯特·麦克伍德（Robert Mackwood），感谢他所提供的专业建议和支持。

我还想感谢我生命中的机器人，因为没有它们，这本书是不可能完成的。当然，我不能忘记我的苹果手机，它是我永远的伴侣。我希望我永远不会失去敬畏，因为我生活在一个充满奇迹的时代。

我还要向这些人表示感谢：我的大创意冒险计划的成员、新经济网络的参与者，以及邀请我向他们的商业团体和协会发表演讲的善良的、支持我的人。这些人帮助我沟通、测试和完善本书中的模型和策略，他们都是本书的共同创造者。